抖音剪映+Premiere

短视频创作实战

胡杨 编著

清华大学出版社
北京

内容简介

本书图文并茂，从零开始，讲解抖音、剪映、Premiere 3 个热门软件的视频剪辑处理技巧，从基础开始逐渐进阶，由易到难，由浅入深，帮助读者掌握视频制作的全流程。全书包含 13 章专题内容，拍摄、运镜、剪辑、滤镜、特效、案例，全面覆盖热门视频的剪辑与制作技巧。随书附赠的 170 多分钟的教学视频，从前期运镜、基础剪辑到后期综合案例，操作步骤翔实，让读者轻而易举便能够上手剪辑出一个令人耳目一新的短视频！

本书不仅适合各大院校影视动画、数字媒体等相关专业的师生；而且适合喜欢拍摄与剪辑短视频的人，特别是想要利用手机快速进行剪辑、制作爆款视频效果的人；还适合抖音、快手、哔哩哔哩、微信视频号、小红书等短视频平台的资深用户，以及短视频爱好者、自媒体运营者和从事视频领域工作的其他人员。

图书在版编目 (CIP) 数据

抖音 + 剪映 +Premiere 短视频创作实战：全视频微课版 / 胡杨编著 . —北京：清华大学出版社，2023.5（2024.8重印）
ISBN 978-7-302-63287-0

Ⅰ.①抖… Ⅱ.①胡… Ⅲ.①视频制作 ②视频编辑软件 Ⅳ.①TN948.4 ②TP317.53

中国国家版本馆 CIP 数据核字 (2023) 第 059364 号

责任编辑：李 磊
封面设计：杨 曦
版式设计：孔祥峰
责任校对：马遥遥
责任印制：沈 露

出版发行：清华大学出版社
      网　　　址：https://www.tup.com.cn, https://www.wqxuetang.com
      地　　　址：北京清华大学学研大厦A座　　　　邮　　编：100084
      社 总 机：010-83470000　　　　　　　　　邮　　购：010-62786544
      投稿与读者服务：010-62776969，c-service@tup.tsinghua.edu.cn
      质 量 反 馈：010-62772015，zhiliang@tup.tsinghua.edu.cn
印 装 者：三河市龙大印装有限公司
经　　销：全国新华书店
开　　本：185mm×260mm　　　印　　张：15.75　　　字　　数：382千字
版　　次：2023年7月第1版　　　印　　次：2024年8月第3次印刷
定　　价：99.00元

产品编号：099795-01

前 言

随着我国基础设施的完善，如移动网络的发展、智能手机的普及等，短视频用户数量迅速增长，用户的使用率也从2017年的28%增长到2022年的89.2%；近年来网络环境的优化，以及短视频平台、短视频剪辑软件的出现，进一步加快了短视频的发展，越来越多的人和企业纷纷将目光投向了短视频行业。

相对于其他视频来说，短视频具有3大特征，分别为创作成本与门槛低、对硬件设备及后期制作的软件要求低、普通用户也可以独立完成。由于短视频的这3大特征，使其迅速发展，各大短视频平台中的短视频数量越来越多。

本书注重实战，目标是让初学者能够快速掌握制作短视频的方法，让有基础的读者能够有效提升制作短视频的能力，让专业的短视频从业人员打造更多的爆品短视频，吸引更多的用户。书中分为5大篇，内容包含3大要点，即拍摄技巧、制作解析和案例分析，其中介绍了3大热门平台的短视频制作技巧，帮助读者轻松掌握当前热门的剪辑技巧，解决短视频制作的后顾之忧。本书具体内容如下。

1　拍摄技巧

拍摄对一个短视频来说至关重要，尤其是那些展示风景的短视频。笔者在本书的拍摄篇中通过两章内容介绍拍摄的相关技巧，包括脚本创作和运镜技巧两方面，帮助读者拍摄出生动、精美的视频。

2　制作解析

视频拍摄完成，接下来要进行制作，有时好的后期制作能够使用户的短视频"脱胎换骨"。本书以热门的短视频软件和剪辑软件为例，介绍短视频制作的相关方法，其中包括视频的基础处理、文字贴纸的添加、滤镜特效的添加等，让读者一本书便能够得到3本书的价值。

3　案例分析

剪映和Premiere都是比较常用的剪辑软件，本书以这两款软件为基础，制作了电脑版软件应用案例，还将两款软件结合使用，让读者能够随心所欲地剪辑出自己想要的短视频。在介绍案例的时候，书中还提炼了制作技术要点，让读者清晰了解其中的难点、流程，以便更好地进行后期处理。

本书的特色主要体现在4个方面，具体如下所述。

1　一步到位

短视频的制作包括前期准备、中期拍摄、后期处理，与此对应，本书内容涵盖前期的脚本创作、中期的拍摄运镜技巧、后期的视频剪辑处理，让读者全面了解，一步到位。

2　通俗易懂

本书通俗易懂，用简练的方式介绍重要的知识点，每个操作步骤详略得当，让读者能够轻松地掌握短视频制作的技巧。本书中还配备了专门的教学视频，无论是拍摄运镜，还是视频剪辑，均通过分步讲解形式演示案例实操技巧，让读者一看就懂，一学就会。

3　价值加倍

有的短视频创作者可能仅仅依靠平台上的一些剪辑功能，有的则会利用专业的剪辑软件。无论是平台上的剪辑功能，还是专业的剪辑软件，均各有优缺点。本书针对这两个方面，将平台上的剪辑功能与专业的剪辑软件结合，让读者通过一本书掌握3大热门软件，快速上手短视频剪辑创作。

一本书的价格，3大热门软件，4本书的价值，让读者快速精通短视频创作，从新手快速成长为高手。

4　实战为主

本书注重短视频的创作，无论是运镜，还是基础视频处理，都是以直接介绍实际操作方法为主，让读者在学完这本书后会感觉收获满满。各个操作方法和案例介绍还配有相应素材，读者可以边阅读边制作，毕竟只有亲自动手操作了，才可能真正将知识变成自己的。

特别提示：在编写本书时，是基于当前各软件所截取的实际操作图片，但图书从编辑到出版需要一段时间，在这段时间里，软件界面与功能可能会有调整与变化，比如有的内容删除了，有的内容增加了，这是软件开发商所做的更新，请读者在阅读时，根据书中的思路，举一反三进行学习。

为方便读者学习，本书提供了丰富的配套资源。读者可扫描下方二维码获取全书的素材文件、案例效果和教学视频；也可直接扫描书中二维码，观看案例效果和教学视频，随时随地学习和演练，让学习更加轻松。

素材文件　　　　案例效果　　　　教学视频　　　　赠送资源

本书由胡杨编著，参与编写的还有李玲等人。由于作者知识水平所限，书中难免有疏漏和不足之处，恳请广大读者批评、指正。

编　者

目 录

拍摄篇

第1章 短视频脚本创作　　　　2

第2章 掌握运镜技巧　　　　15

▍▍▍▍抖音篇▍▍▍▍

▍第3章▍ 对素材进行编辑　　　　　　　　　36

▍第4章▍ 添加文字和贴纸　　　　　　　　　51

第5章 添加滤镜和特效 **69**

剪映篇

第6章 剪辑素材画面 **84**

第7章 添加字幕和音频 **101**

第10章 添加转场和视频效果 171

第11章 制作运动和叠加特效 189

综合篇

拍摄篇

CHAPTER

第1章

章前知识导读

对于短视频来说，脚本的作用与电影的剧本类似，不仅可以用于确定故事的发展方向，而且可以提高短视频拍摄的效率和质量，并对短视频的后期剪辑起到指导作用。本章主要介绍短视频脚本的基本知识、优化方法，以及拍摄短视频时一些常用的镜头语言。

短视频脚本创作

 新手重点索引

▶ 短视频脚本

▶ 优化脚本的方法

▶ 短视频的镜头语言

 效果图片欣赏

1.1 短视频脚本

在很多人眼中，短视频似乎比电影还好看，很多制作优良的短视频不仅画面精美、BGM(background music，背景音乐)劲爆、创意巧妙，而且剧情不拖泥带水，让人"流连忘返"。

在这些精彩的短视频背后，都有短视频脚本作为承载的。脚本是整个短视频内容的大纲，对于剧情的发展与走向具有决定性的作用。因此，用户需要写好短视频的脚本，让内容更加优质，这样才有更多机会制作出精美的视频，甚至登上各大平台的热门。

1.1.1 了解短视频脚本

脚本是用户拍摄短视频的主要依据，能够提前统筹安排好短视频拍摄过程中的所有事项，如什么时候拍、用什么设备拍、拍什么背景、拍什么人和怎么拍等。表1-1为一个简单的短视频脚本模板。

表1-1　一个简单的短视频脚本模板

镜号	景别	运镜	画面	设备	备注
1	远景	固定镜头	在天桥上俯拍城市中的车流	手机广角镜头	延时摄影
2	全景	跟随运镜	拍摄主角从天桥上走过的画面	手持稳定器	慢镜头
3	近景	上升运镜	从人物手部拍到头部	手持拍摄	
4	特写	固定镜头	人物脸上露出开心的表情	三脚架	
5	中景	跟随运镜	拍摄人物走下天桥台阶的画面	手持稳定器	
6	全景	固定镜头	拍摄人物与朋友见面问候的场景	三脚架	
7	近景	固定镜头	拍摄两人手牵手的温馨画面	三脚架	后期背景虚化
8	远景	固定镜头	拍摄两人走向街道远处的画面	三脚架	欢快的背景音乐

在创作一部短视频的过程中，所有参与前期拍摄和后期剪辑的人员包括摄影师、演员和剪辑师等，都需要遵从脚本的安排。如果短视频没有脚本，很容易会出现各种问题。例如，拍到一半发现场景不合适，工作人员又需要花费大量时间和资金去重新安排，这样不仅浪费时间和金钱，而且很难做出想要的短视频效果。

1.1.2 短视频脚本的作用

短视频脚本主要用于指导所有参与短视频创作的工作人员的行为和动作，从而提高工作效率，并保证短视频的质量。图1-1为短视频脚本的作用。

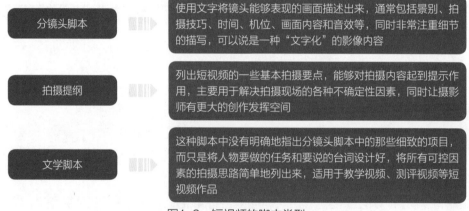

提高效率 ▶ 有了短视频脚本，就等于写文章有了目录和大纲，建房子有了设计图纸和框架，相关人员可以根据这个脚本来一步步地完成各个镜头的拍摄，从而提高拍摄效率

提升质量 ▶ 在短视频脚本中可以对每个镜头的画面进行精雕细琢的打磨，如景别的选取、场景的布置、服装的准备、台词的设计和人物表情的刻画等，再加上后期剪辑的配合，能够呈现出更完美的视频画面效果

图1-1　短视频脚本的作用

1.1.3 短视频脚本的类型

短视频的时长虽然很短，但只要拍摄者足够用心，精心设计短视频的脚本和每一个镜头画面，让内容更加优质，就能拍出满意的短视频。

短视频脚本一般分为分镜头脚本、拍摄提纲和文学脚本3种，如图1-2所示。

分镜头脚本 ▶ 使用文字将镜头能够表现的画面描述出来，通常包括景别、拍摄技巧、时间、机位、画面内容和音效等，同时非常注重细节的描写，可以说是一种"文字化"的影像内容

拍摄提纲 ▶ 列出短视频的一些基本拍摄要点，能够对拍摄内容起到提示作用，主要用于解决拍摄现场的各种不确定性因素，同时让摄影师有更大的创作发挥空间

文学脚本 ▶ 这种脚本中没有明确地指出分镜头脚本中的那些细致的项目，而只是将人物要做的任务和要说的台词设计好，将所有可控因素的拍摄思路简单地列出来，适用于教学视频、测评视频等短视频作品

图1-2　短视频的脚本类型

总结来说，分镜头脚本适用于剧情类的短视频内容；拍摄提纲适用于访谈类或资讯类的短视频内容；文学脚本则适用于没有剧情的短视频内容。

1.1.4 做好前期准备工作

当用户在正式开始创作短视频脚本前，还需要做好一些前期准备，确定短视频的整体拍摄思路，并根据思路制定一个基本的创作流程。图1-3为编写短视频脚本的前期准备工作。

定位内容	▶	确定内容的表现形式，即具体做哪方面的内容，如情景故事、产品带货、美食探店、服装穿搭、才艺表演或者人物访谈等，将基本内容确定下来
策划主题	▶	有了内容创作方向后，还要根据这个方向确定一个拍摄主题。例如，美食探店类的视频内容，拍摄的是"烤全羊"，这就是具体的拍摄主题
选定时间	▶	将各个镜头拍摄的时间确定下来，形成具体的拍摄方案，并提前告知所有的工作人员，让大家做好准备，安排好时间，确保正常拍摄
选定地点	▶	选择具体的拍摄地点，是在室外拍摄，还是在室内拍摄，这些都要提前选好地点。例如，拍摄风光类的短视频，就需要选择有山有水或者风景优美的地方
选定BGM	▶	短视频的BGM是一个非常重要的元素，合适的BGM可以为短视频带来更多的流量和热度。例如，拍摄舞蹈类的短视频，就需要选择一首节奏感较强的BGM

图1-3 编写短视频脚本的前期准备工作

1.1.5 短视频脚本的基本要素

在短视频脚本中，用户需要认真设计每一个镜头。下面主要从6个基本要素介绍短视频脚本的策划，如图1-4所示。

景别	▶	在拍摄短视频的分镜头时，具体选择哪种镜头景别，如远景、全景、中景、近景和特写等，可以交替使用各种不同的景别，以增强短视频的艺术感染力
内容	▶	用户想要通过短视频表达的东西，可以将其拆分成一个个小片段，放到不同的镜头里面，通过不同的场景方式将其呈现出来
台词	▶	短视频中人物所说的话语，具有传递信息、刻画人物和体现主题的功能，短视频的台词设计要以简洁为主，否则观众听起来会觉得很难理解
时长	▶	每个镜头的时间长度要提前预估好，同时对于剧情的转折或反转的时间要标注好，方便后期人员快速剪辑出重点内容，从而提升剪辑效率
运镜	▶	不同的运镜方法可以得到不同的视频效果，用户在实际拍摄时，还可以将多种运镜方法进行组合运用，让镜头看上去更加丰富、炫酷，画面更有动感
道具	▶	作为辅助物品使用，要能够做到画龙点睛，但切不可画蛇添足，让道具抢了主体的光

图1-4 短视频脚本的基本要素

5

1.1.6 短视频脚本的编写流程

在编写短视频脚本时，用户需要遵循化繁为简的规则，也需要确保内容的丰富度和完整性。图1-5为短视频脚本的基本编写流程。

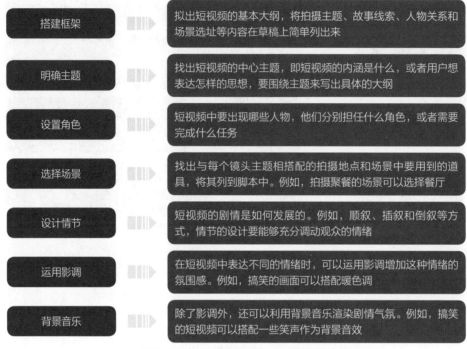

搭建框架	拟出短视频的基本大纲，将拍摄主题、故事线索、人物关系和场景选址等内容在草稿上简单列出来
明确主题	找出短视频的中心主题，即短视频的内涵是什么，或者用户想表达怎样的思想，要围绕主题来写出具体的大纲
设置角色	短视频中要出现哪些人物，他们分别担任什么角色，或者需要完成什么任务
选择场景	找出与每个镜头主题相搭配的拍摄地点和场景中要用到的道具，将其列到脚本中。例如，拍摄聚餐的场景可以选择餐厅
设计情节	短视频的剧情是如何发展的。例如，顺叙、插叙和倒叙等方式，情节的设计要能够充分调动观众的情绪
运用影调	在短视频中表达不同的情绪时，可以运用影调增加这种情绪的氛围感。例如，搞笑的画面可以搭配暖色调
背景音乐	除了影调外，还可以利用背景音乐渲染剧情气氛。例如，搞笑的短视频可以搭配一些笑声作为背景音效

图1-5　短视频脚本的基本编写流程

1.2 优化脚本的方法

脚本是短视频立足的根基，不过短视频脚本不同于微电影或者电视剧的剧本，尤其是用手机拍摄的短视频，用户不用安排太复杂多变的镜头景别，而应该多安排一些反转、反差或者充满悬疑的情节，来引起观众的兴趣。

另外，短视频的节奏很快，信息点很密集，因此每个镜头的内容都要在脚本中交代清楚。本节主要介绍短视频脚本的一些优化技巧，以帮助读者写出更优质的脚本。

1.2.1 学会换位思考

要想拍摄出真正优质的短视频作品，用户需要站在观众的角度去思考脚本内容的策划。例如，观众喜欢看什么内容，如何拍摄才能让观众看着更有感觉等。

显而易见，在短视频领域，内容比技术更加重要，即便是简陋的拍摄场景和服装道具，只要你的内容足够吸引观众，那么你的短视频就能引发关注。毕竟，技术是可以慢慢练习的，但内容却需要用户有一定的创作能力，就像是音乐创作，好的歌手不一定是好的作词或作曲者。抖音上充斥着各种"五毛特效"，虽然特效应用效果算不上惊艳，但创作者精心设计的内容，仍然获得了观众的喜爱，因为他们懂得换位思考，能抓住观众的需求。

例如，下面这个短视频账号中的人物主要模仿各类影视剧和游戏中的角色，表面看上去制作粗糙，其实每个道具都充分体现了他们所模仿人物的特点，而且特效也运用得恰到好处，同时内容也不是单纯地模仿，而是加入了原创剧情，甚至还出现了不少经典台词，由此获得了大量粉丝的关注和点赞，如图1-6所示。

图1-6　某短视频案例

1.2.2 保持良好的审美

短视频的拍摄和摄影类似，都非常注重审美，审美决定了作品的优秀程度。如今，随着各种智能手机的摄影功能越来越强大，进一步降低了短视频的拍摄门槛，无论是谁，只要拿起手机就能拍摄短视频。

另外，各种剪辑软件也越来越智能化，无论拍摄的画面是否美观，都可以经过后期剪辑处理变得好看。也就是说，短视频的技术门槛已经越来越低了，普通人也可以轻松创作和发布短视频作品。例如，剪映App中的"一键成片"功能，就内置了很多模板和效果，用户只需要调入拍摄好的视频或照片素材，即可轻松制作出同款短视频效果，如图1-7所示。

短视频的艺术审美和强烈的画面感都是加分项，能够增强作品的竞争力。好的短视频不仅需要保证画面的稳定性和清晰度，而且需要突出主体。用户可以组合运用各种景别、构图和运镜方式，结合快镜头和慢镜头，增强视频画面的运动感、层次感和表现力。总之，要形成良好的审美观，用户需要多思考、多琢磨、多模仿、多学习、多总结、多尝试、多实践和多拍摄。

图1-7　剪映App的"一键成片"功能

1.2.3　学会制造剧情冲突

　　在策划短视频的脚本时，用户可以设计一些反差感强烈的转折场景，通过这种高低落差的安排，能够形成十分明显的对比效果，为短视频带来新意，同时也为观众带来更多笑点。

　　短视频中的冲突和转折能够让观众产生惊喜感，同时加深他们对剧情的印象，刺激他们去点赞和转发。下面总结了一些在短视频中设置冲突和转折的相关技巧，如图1-8所示。

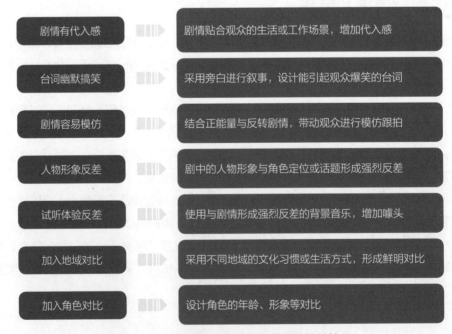

剧情有代入感	剧情贴合观众的生活或工作场景，增加代入感
台词幽默搞笑	采用旁白进行叙事，设计能引起观众爆笑的台词
剧情容易模仿	结合正能量与反转剧情，带动观众进行模仿跟拍
人物形象反差	剧中的人物形象与角色定位或话题形成强烈反差
试听体验反差	使用与剧情形成强烈反差的背景音乐，增加噱头
加入地域对比	采用不同地域的文化习惯或生活方式，形成鲜明对比
加入角色对比	设计角色的年龄、形象等对比

图1-8　在短视频中设置冲突和转折的相关技巧

短视频的灵感来源，除了靠自身的创意想法外，用户也可以多收集一些热点，这些热点通常自带流量和话题属性，能够吸引观众的大量点赞。用户可以将短视频的点赞量、评论量和转发量作为筛选依据，找到并收藏抖音、快手等短视频平台上的热门视频，然后进行模仿、跟拍和创新，打造属于自己的优质短视频作品。

1.2.4 模仿经典片段

用户在策划短视频的脚本内容时，如果很难找到创意，也可以去翻拍和改编一些经典的影视作品。用户在寻找翻拍素材时，可以去豆瓣电影平台上找到各类影片排行榜，将排名靠前的影片都列出来，然后去其中搜寻经典的片段，包括某个画面、道具、台词和人物造型等内容，都可以将其运用到自己的短视频中。

1.2.5 学习优质脚本的内容形式

对于短视频新手来说，账号定位和后期剪辑都不是难点，往往最让他们头疼的是脚本策划。那么，什么样的脚本才能让短视频上热门，并获得更多人的点赞呢？图1-9为一些优质短视频脚本的常用内容形式。

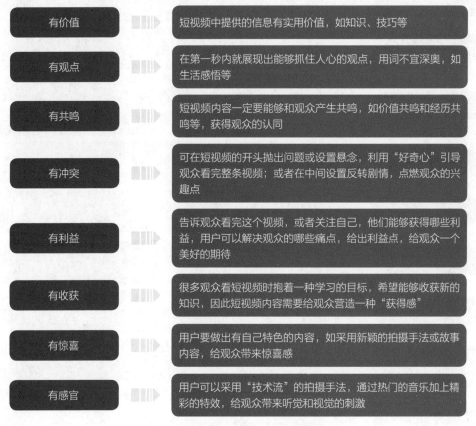

图1-9　优质短视频脚本的常用内容形式

||1.3| 短视频的镜头语言

　　如今，短视频已经形成了一条完整的商业产业链，越来越多的企业和机构开始用短视频进行宣传推广，因此短视频的脚本创作也越来越重要。不过，要写出优质的短视频脚本，用户还需要掌握短视频的镜头语言。

1.3.1 了解镜头语言

　　对于普通的短视频玩家来说，通常都是凭感觉拍摄和制作短视频作品，这样做的效果显然无法达到最优质的效果。而专业的短视频机构则可以通过镜头语言以很少的时间制作出一条精彩的短视频。

　　镜头语言也称为镜头术语，常用的短视频镜头术语有景别、运镜、构图、用光、转场、时长、关键帧、蒙太奇、定格和闪回等，相关介绍如图1-10所示。

景别	由于镜头与拍摄对象的距离不同，主体在镜头中所呈现出的范围大小也不同。景别越大，环境因素多；景别越小，强调因素越多
运镜	移动镜头的方式，就是通过移动镜头机位，以及改变镜头光轴或焦距等方式进行拍摄，所拍摄的画面称为运动画面
构图	在拍摄短视频时，根据拍摄对象和主题思想的要求，将要表现的各个元素适当地组织起来，让画面看上去更加协调、完整
用光	短视频和摄影一样，都是光的一种艺术创作形式，光线不仅有造型功能，而且会对画面色彩产生极大的影响，不同意境下的光线能够产生不同的表达效果
转场	各个镜头和场景之间的过渡或切换手法，可以分为技巧转场和无技巧转场，如淡入淡出、出画入画等
时长	短视频的时间长度，常用的单位有秒、分、时和帧等，各大短视频平台对于视频时长的要求也不相同，如抖音的短视频定义为15秒
关键帧	角色或者物体运动变化过程中关键动作所处的那一帧，帧是短视频中的最小单位，相当于电影胶片上的每一格镜头
蒙太奇	一种镜头组合理论，包括画面剪辑和画面合成两方面，通过将不同方法拍摄的镜头排列组合起来，更好地叙述情节和刻画人物
定格	一种影视效果，即通过重复某一影像的方式制造出静止的动作，使影像持续犹如一张静止的照片，让镜头更有冲击力
闪回	借助倒叙或插叙的叙事手法，将曾经出现过的场景或者已经发生过的事情，以很短暂的画面突然插入某一场景，从而表现人物当时的心理活动和感情起伏，手法较为简洁、明快

图1-10　常见的短视频镜头术语

1.3.2 转场类型

无技巧转场是通过一种十分自然的镜头过渡方式来连接两个场景的，整个过渡过程看上去非常合乎情理，能够起到承上启下的作用。当然，无技巧转场并非完全没有技巧，它是利用人的视觉转换来安排镜头的切换，因此需要找到合理的转换因素和适当的造型因素。

常用的无技巧转场方式有两极镜头转场、同景别转场、特写转场、声音转场、空镜头转场、封挡镜头转场、相似体转场、地点转场、运动镜头转场、同一主体转场、主观镜头转场和逻辑因素转场等。

例如，空镜头(又称"景物镜头")转场是指画面中只有景物、没有人物的镜头，具有非常明显的间隔效果，不仅可以渲染气氛、抒发感情、推进故事情节和刻画人物的心理状态，而且能够交代时间、地点和季节的变化等。图1-11为一段用于描述环境的空镜头。

图1-11 用于描述环境的空镜头

技巧转场是指通过后期剪辑软件在两个片段中间添加转场特效，以实现场景的转换。常用的技巧转场方式有淡入淡出、缓淡－减慢、闪白－加快、划像(二维动画)、翻转(三维动画)、叠化、遮罩、幻灯片、特效、运镜、模糊和多画屏分割等。

图1-12为添加了"百叶窗"和"风车"转场效果的视频，这两个转场效果能够让视频画面像百叶窗和风车一样切换到下一场景。

图1-12　添加"百叶窗"和"风车"转场效果的视频

1.3.3 "起幅"与"落幅"

"起幅"与"落幅"是拍摄运动镜头时非常重要的两个术语，在后期制作中可以发挥很大的作用，相关介绍如图1-13所示。

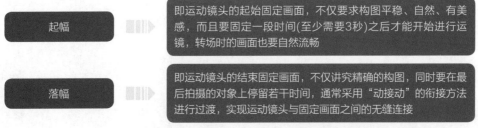

<mark>起幅</mark> → 即运动镜头的起始固定画面，不仅要求构图平稳、自然、有美感，而且要固定一段时间(至少需要3秒)之后才能开始进行运镜，转场时的画面也要自然流畅

落幅 → 即运动镜头的结束固定画面，不仅讲究精确的构图，同时要在最后拍摄的对象上停留若干时间，通常采用"动接动"的衔接方法进行过渡，实现运动镜头与固定画面之间的无缝连接

图1-13　"起幅"与"落幅"的相关介绍

"起幅"与"落幅"的固定画面可以用于强调短视频中要重点表达的对象或主题，也可以单独作为固定镜头使用。

1.3.4 镜头节奏

节奏会受到镜头的长度、场景的变换和镜头中的影像活动等因素的影响。在通常情况下，镜头节奏越快，则视频的剪辑率越高、镜头越短。剪辑率是指单位时间内镜头个数的多少，由镜头的长短来决定。

例如，长镜头就是一种典型的慢节奏镜头形式，而延时摄影则是一种典型的快节奏镜头形式。长镜头(long take)也称为一镜到底、不中断镜头或长时间镜头，是一种与蒙太奇相对应的拍摄手法，是指拍摄的开机点与关机点的时间距离较长。

延时摄影(time-lapse photography)也称为延时技术、缩时摄影或缩时录影，是一种压缩时间的拍摄手法，它能够将大量的时间进行压缩，将几个小时、几天，甚至几个月中的变化过程通过极短的时间展现出来，如几秒或几分钟，因此镜头节奏非常快，能够给观众呈现出一种强烈与震撼的视频效果，如图1-14所示。

图1-14　采用延时技术拍摄的短视频

图1-14　采用延时技术拍摄的短视频(续)

章前知识导读

为什么有些人拍摄的视频画面变化多样，而有些人拍摄的画面却呆板无趣？这是因为拍摄者没有掌握运镜技巧，无法让拍摄的画面生动起来。本章主要介绍7种基础运镜技巧和5种组合运镜技巧，帮助用户拍摄满意的视频画面！

第2章

掌握运镜技巧

新手重点索引

▶ 基础运镜技巧

▶ 组合运镜技巧

效果图片欣赏

2.1 基础运镜技巧

　　运镜方式大致可分为推、拉、摇、移、跟、升降和环绕，很多复杂镜头都是由这些基本运镜方式组合起来的，因此打好基础非常重要。

2.1.1 前景揭示推镜头

案例效果　　教学视频

　　【效果展示】：前景揭示推镜头是让镜头从聚焦前景转换到聚焦主体上来，这种镜头一般多用于视频的开场画面中，可以一次性交代清楚环境和人物。前景揭示推镜头画面，如图2-1所示。

图2-1　前景揭示推镜头画面

　　【视频教学】：教学视频画面，如图2-2所示。

图2-2　教学视频画面

前景，一般是指视频画面中靠近镜头的人或者物处于主体的前面。视频画面中的前景，会让画面展现出前、中、后景。有了前景，就可以让视频画面更加有层次，富有活力。

【拍摄实战】：脚本与实战图解，如表2-1所示。

表2-1 脚本与实战图解

脚本	设备	景别	拍摄示例	实战图解
❶以花为前景，人物在花的后面	手机+稳定器	全景	主体 前景	
❷镜头从前景左侧慢慢前推，让主体在画面中	手机+稳定器	中景	主体 前景	
❸继续慢慢向主体推进，展示主体的动作	手机+稳定器	中近景	主体 前景	

手机稳定器拍摄模式：云台跟随

前景揭示推镜头的作用：有了前景，就能明确画面主体，还能增加画面的空间感和层次感，让画面不再单调，更有活力

案例效果

教学视频

2.1.2 过肩后拉运镜

【效果展示】：过肩后拉运镜主要从人物的肩部前面慢慢往后拉远，同时转换画面场景。过肩后拉运镜画面，如图2-3所示。

图2-3 过肩后拉运镜画面

图2-3　过肩后拉运镜画面(续)

【视频教学】：教学视频画面，如图2-4所示。

图2-4　教学视频画面

【拍摄实战】：脚本与实战图解，如表2-2所示。

表2-2　脚本与实战图解

脚本	设备	景别	拍摄示例	实战图解
❶镜头拍摄人物前方的风景	手机＋稳定器	远景		
❷镜头从人物的肩膀旁慢慢后拉	手机＋稳定器	近景		
❸镜头继续往后拉，拍摄人物	手机＋稳定器	中近景		

(续表)

脚本	设备	景别	拍摄示例	实战图解
❹镜头往后拉至展现全景人物	手机＋稳定器	全景		

手机稳定器拍摄模式：FPV模式

过肩后拉运镜的作用：过肩后拉运镜从人物前方的空间转换到人物所处的空间，不仅交代了视频地点和人物之间的关系，还能让画面产生十足的层次感

2.1.3 水平摇摄运镜

案例效果

教学视频

【效果展示】：水平摇摄运镜主要是让镜头水平运动，如从左往右或者从右往左。在特定的环境中，可以表达具体的内容。例如，跟随人物视线水平摇摄，可以代表人物的主观视线。水平摇摄运镜画面，如图2-5所示。

图2-5　水平摇摄运镜画面

【视频教学】：教学视频画面，如图2-6所示。

图2-6　教学视频画面

【拍摄实战】：脚本与实战图解，如表2-3所示。

表2-3 脚本与实战图解

脚本	设备	景别	拍摄示例	实战图解
❶镜头拍摄人物	手机＋稳定器	中景	主体	
❷人物转身看风景，镜头跟着向右摇摄	手机＋稳定器	中近景	主体	
❸镜头从左至右摇摄风景	手机＋稳定器	远景	主体	
❹继续摇摄风景	手机＋稳定器	远景	主体	

手机稳定器拍摄模式：FPV模式

水平摇摄运镜的作用：镜头起始画面是人物，之后由人物转移到风景，摇摄的主要作用是转换镜头被摄主体，也起着模仿第一视角的作用

案例效果　　教学视频

2.1.4 低角度横移运镜

【效果展示】：低角度横移运镜需要将手机稳定器倒着拿，从右至左横移拍摄走路的人物。低角度横移运镜画面，如图2-7所示。

图2-7 低角度横移运镜画面

图2-7 低角度横移运镜画面(续)

【视频教学】：教学视频画面，如图2-8所示。

图2-8 教学视频画面

【拍摄实战】：脚本与实战图解，如表2-4所示。

表2-4 脚本与实战图解

脚本	设备	景别	拍摄示例	实战图解
❶倒拿手机稳定器，从右往左横移拍摄	手机+稳定器	远景		
❷人物从中间位置向前直线行走	手机+稳定器	全景		
❸镜头继续横移拍摄	手机+稳定器	全远景		

第2章 掌握运镜技巧

21

(续表)

脚本	设备	景别	拍摄示例	实战图解
❹镜头拍摄到人物走到一定的距离后停止拍摄	手机＋稳定器	全远景		

手机稳定器拍摄模式：FPV模式

低角度横移运镜的作用：运镜起始画面是静止的，然后慢慢横移到运动的人物上，背景是不变的，而人物却是运动的，画面具有流动感

2.1.5 弧形跟随运镜

案例效果　　教学视频

【效果展示】：运镜的移动方向呈弧形状，就是弧形跟随运镜。弧形跟随运镜画面，如图2-9所示。

图2-9　弧形跟随运镜画面

【视频教学】：教学视频画面，如图2-10所示。

图2-10　教学视频画面

【拍摄实战】：脚本与实战图解，如表2-5所示。

表2-5 脚本与实战图解

脚本	设备	景别	拍摄示例	实战图解
❶镜头拍摄人物的侧面	手机+稳定器	中近景		
❷镜头跟随人物前行并摇摄到人物的前面	手机+稳定器	中近景		
❸镜头跟随人物前行并摇摄到人物的另一面	手机+稳定器	中近景		
❹镜头跟随摇摄到人物的另一侧面上	手机+稳定器	中景		

手机稳定器拍摄模式：云台跟随

弧形跟随运镜的作用：弧形跟随运镜可以全方位地展示人物所处的环境，以及人物的状态，由于是跟随运镜，所以画面也是充满动感的

2.1.6 上升俯视运镜

案例效果

教学视频

【效果展示】：镜头处于俯拍的角度，在上升时继续俯视拍摄的人物。上升俯视运镜画面，如图2-11所示。

图2-11 上升俯视运镜画面

图2-11　上升俯视运镜画面(续)

【视频教学】：教学视频画面，如图2-12所示。

图2-12　教学视频画面

【拍摄实战】：脚本与实战图解，如表2-6所示。

表2-6　脚本与实战图解

脚本	设备	景别	拍摄示例	实战图解
❶镜头中的视线焦点以人物的手臂为主	手机+稳定器	中景		
❷镜头慢慢上升，将焦点转移到人物肩部的位置	手机+稳定器	全景		
❸镜头继续上升并俯拍人物	手机+稳定器	全景		

(续表)

脚本	设备	景别	拍摄示例	实战图解
❹镜头上升，俯拍人物全景	手机+稳定器	全远景	主体 →	

手机稳定器拍摄模式：云台跟随

上升俯视运镜的作用：通过上升俯视拍摄人物，画面中的人物越来越小，镜头可以代入观众的视角，以旁观者的角度来观察人物

2.1.7 近景环绕运镜

案例效果　　教学视频

【效果展示】：围绕人物近景进行环绕运镜，可以重点突出该特写镜头。近景环绕运镜画面，如图2-13所示。

图2-13　近景环绕运镜画面

【视频教学】：教学视频画面，如图2-14所示。

图2-14　教学视频画面

【拍摄实战】：脚本与实战图解，如表2-7所示。

表2-7 脚本与实战图解

脚本	设备	景别	拍摄示例	实战图解
❶镜头拍摄人物胸部以上的位置	手机+稳定器	近景		
❷镜头围绕人物进行环绕拍摄	手机+稳定器	近景		
❸镜头继续环绕人物拍摄	手机+稳定器	近景		
❹镜头环绕拍摄人物一周	手机+稳定器	近景		

手机稳定器拍摄模式：云台跟随

近景环绕运镜的作用：在环绕的过程中，人物脸部所有的情绪变化和动作变动都展示在镜头画面中，从而可以重点突出人物的情绪

2.2 组合运镜技巧

组合运镜是由多个运镜方式组合在一起，例如横移摇摄+上升跟随运镜，甚至还可以将3个以上的运镜方式组合在一起。运用各种组合运镜方式拍摄视频，可以为视频增加亮点，轻松拍出大片感，吸引观众的眼球，从而为视频带来更多的关注和流量。

2.2.1 横移摇摄+上升跟随运镜

案例效果

教学视频

【效果展示】：利用前景横移拍摄，由前景转换到人物，然后镜头跟随人物拍摄，并慢慢上升俯拍。横移摇摄+上升跟随运镜画面，如图2-15所示。

图2-15 横移摇摄+上升跟随运镜画面

【视频教学】：教学视频画面，如图2-16所示。

图2-16 教学视频画面

【拍摄实战】：脚本与实战图解，如表2-8所示。

表2-8 脚本与实战图解

脚本	设备	景别	拍摄示例	实战图解
❶镜头拍摄人物右侧的前景	手机+稳定器	近景		

(续表)

脚本	设备	景别	拍摄示例	实战图解
❷人物前行，镜头由前景向左横移到人物这边	手机＋稳定器	全景	主体	
❸镜头慢慢上升拍摄人物	手机＋稳定器	全景	主体	
❹镜头在上升俯视拍摄的同时，跟随人物前行	手机＋稳定器	全远景	主体	

手机稳定器拍摄模式：云台跟随

横移摇摄＋上升跟随运镜的作用：由前景转换到人物，在横移的过程中会给观众带来神秘感，在镜头上升跟随人物的过程中，还可以交代人物所处的环境

2.2.2 侧跟＋前景跟随运镜

案例效果

教学视频

【效果展示】：运用栏杆做前景，镜头从人物侧面跟随，再摇摄到人物前方的建筑，以增加画面内容。侧跟＋前景跟随运镜画面，如图2-17所示。

图2-17　侧跟＋前景跟随运镜画面

【视频教学】：教学视频画面，如图2-18所示。

图2-18　教学视频画面

【拍摄实战】：脚本与实战图解，如表2-9所示。

表2-9　脚本与实战图解

脚本	设备	景别	拍摄示例	实战图解
❶以栏杆为前景，拍摄人物上台阶的侧面	手机+稳定器	全景		
❷镜头继续跟随人物上台阶	手机+稳定器	全景		
❸人物上完台阶后，镜头开始向右摇摄	手机+稳定器	中景		
❹镜头摇摄到人物前面的建筑	手机+稳定器	远景		

手机稳定器拍摄模式：云台跟随

侧跟＋前景跟随运镜的作用：借助前景侧面跟随主体人物，可以增加视频的动感，还能制造一种悬念感，吸引观众的注意力

案例效果　　教学视频

2.2.3 推镜头＋跟镜头运镜

【效果展示】：推镜头主要从人物的侧面推近，跟镜头则是背后跟随，两个镜头是顺畅连接在一起的。推镜头＋跟镜头运镜画面，如图2-19所示。

图2-19　推镜头＋跟镜头运镜画面

【视频教学】：教学视频画面，如图2-20所示。

图2-20　教学视频画面

【拍摄实战】：脚本与实战图解，如表2-10所示。

表2-10　脚本与实战图解

脚本	设备	景别	拍摄示例	实战图解
❶人物从右往左行走，镜头从人物侧面开始前推	手机＋稳定器	全远景	主体	
❷镜头继续前推到离人物距离合适的位置	手机＋稳定器	全景	主体	
❸镜头开始摇摄至人物背面	手机＋稳定器	全景	主体	
❹镜头跟随人物背面一段距离	手机＋稳定器	全景	主体	

手机稳定器拍摄模式：云台跟随

推镜头＋跟镜头运镜的作用：运用推镜，可以让焦点从大全景转移到人物全景中来，跟随镜头则能展示人物的运动空间范围

案例效果

教学视频

2.2.4　跟镜头＋斜角后拉运镜

【效果展示】：跟镜头主要是从人物前侧面跟随，在跟随的过程中镜头进行斜角后拉。跟镜头＋斜角后拉运镜画面，如图2-21所示。

图2-21　跟镜头＋斜角后拉运镜画面

图2-21　跟镜头＋斜角后拉运镜画面(续)

【视频教学】：教学视频画面，如图2-22所示。

图2-22　教学视频画面

【拍摄实战】：脚本与实战图解，如表2-11所示。

表2-11　脚本与实战图解

脚本	设备	景别	拍摄示例	实战图解
❶镜头拍摄人物的前侧面	手机＋稳定器	全景	主体	
❷人物前行，镜头跟随人物运动并进行斜角后拉	手机＋稳定器	全景	主体	
❸镜头继续跟随人物并斜角后拉一段距离	手机＋稳定器	全远景	主体	

(续表)

脚本	设备	景别	拍摄示例	实战图解
手机稳定器拍摄模式：云台跟随				
跟镜头＋斜角后拉运镜的作用：用跟镜头可以全程同步记录人物的神态和动作，斜角后拉则可在人物进场的时候逐渐交代其所处的环境，这组运镜一般用于开阔的场景中				

案例效果　教学视频

2.2.5 高角度俯拍＋前侧跟随运镜

【效果展示】：拍摄者站在高处，被拍摄者处于低处，镜头高角度俯拍人物，并从人物前侧跟随人物。高角度俯拍＋前侧跟随运镜画面，如图2-23所示。

图2-23　高角度俯拍＋前侧跟随运镜画面

【视频教学】：教学视频画面，如图2-24所示。

图2-24　教学视频画面

**专家
指点**
用户在选景时，最好选择有高有低，并且高低之间有一定前景的场景，这样就能轻松拍出俯拍视角。如果没有高低相间的环境，而在平地环境中，可以用可延长的自拍杆搭配手机进行俯拍跟随拍摄。

【**拍摄实战**】：脚本与实战图解，如表2-12所示。

表2-12 脚本与实战图解

脚本	设备	景别	拍摄示例	实战图解
❶镜头从高处俯拍人物	手机+稳定器	全景	主体	
❷人物前行，镜头在人物前侧俯拍，并反向跟随人物	手机+稳定器	全景	主体	
❸镜头继续俯拍人物并跟拍	手机+稳定器	全景	主体	

手机稳定器拍摄模式：云台跟随

高角度俯拍+前侧跟随运镜的作用：镜头从高角度俯拍，人物会变得非常渺小，周围的环境则变得广阔起来，且画面的层次感比平拍视角要立体一些。在俯拍前侧跟随的过程中，这种不常见的视角能让画面产生新鲜感

抖音篇

CHAPTER

第3章

章前知识导读

　　抖音App具有强大的剪辑功能，无论是剪辑视频，还是剪辑音频，都十分方便，能够满足用户基础的短视频剪辑要求。而且，用户使用抖音App剪辑视频，不需要将视频导入其他剪辑软件中，可以节省不少时间。本章主要介绍在抖音App中对视频和音频进行剪辑的操作方法！

对素材进行编辑

 新手重点索引

　　对视频进行剪辑

　　对音频进行剪辑

 效果图片欣赏

3.1 对视频进行剪辑

在抖音App中拍摄或者上传短视频后，用户可以对其进行一些简单的剪辑处理。本节主要介绍短视频的剪辑方法和处理技巧，包括分割素材、变速处理、调整音量和倒放处理等。

3.1.1 对视频进行分割删除处理

【效果展示】：用户可以通过抖音App对短视频进行分割和删除，从而保留短视频中精华的部分，效果如图3-1所示。

下面介绍分割和删除短视频素材的具体操作方法。

STEP 01 在抖音App首页的底部点击 ⊕ 按钮，进入"快拍"界面，点击"相册"按钮，如图3-2所示。

STEP 02 进入"所有照片"界面，在"视频"选项卡中选择一个视频素材，如图3-3所示。

图3-1　效果展示

图3-2　点击"相册"按钮

图3-3　选择视频素材

STEP 03 进入视频编辑界面，点击展开图标 ∨，如图3-4所示。

STEP 04　展开右侧工具栏，点击"剪裁"按钮，如图3-5所示。

图3-4　点击展开图标

图3-5　点击"剪裁"按钮

STEP 05　进入剪裁界面，❶将时间轴拖曳至需要分割的位置；❷点击"分割"按钮，如图3-6所示。

STEP 06　❶选择分割出来的前半段视频；❷点击"删除"按钮，如图3-7所示，即可删除该视频片段。

图3-6　分割视频

图3-7　删除多余视频

3.1.2 调整视频的播放速度

【效果展示】：使用抖音App可以对短视频进行变速处理，从而改变短视频的播放速度，使短视频的画面更具动感，效果如图3-8所示。

图3-8　效果展示

下面介绍调整视频播放速度的具体操作方法。

STEP 01 在抖音App中导入一个视频素材，进入视频编辑界面，展开右侧工具栏，点击"剪裁"按钮，如图3-9所示。

STEP 02 进入剪裁界面，点击"变速"按钮，如图3-10所示。

图3-9　点击"剪裁"按钮

图3-10　点击"变速"按钮

STEP 03 拖曳白色的圆形滑块，将视频的播放速度设置为2.0x，如图3-11所示。

STEP 04 点击✓按钮，即可完成对视频播放速度的调整，如图3-12所示。

图3-11　设置播放速度　　　　　　　图3-12　完成播放速度调整

案例效果　　　教学视频

3.1.3　调整视频的音量

【效果展示】：使用抖音App可以调整短视频的音量，用户可以根据短视频的画面情景、受众年龄段来调大或是调小音量，从而让短视频更加适合观看，视频效果如图3-13所示。

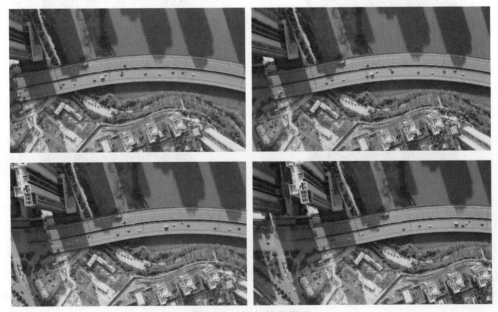

图3-13　视频效果展示

下面介绍调整视频音量的具体操作方法。

STEP 01 在抖音App中导入一个视频素材，进入视频编辑界面，点击展开图标 ✓，如图3-14 所示。

STEP 02 展开右侧工具栏后，点击"剪裁"按钮，如图3-15所示。

图3-14 点击展开图标　　　　　　　　图3-15 点击"剪裁"按钮

STEP 03 进入剪裁界面，点击"音量"按钮，如图3-16所示。

STEP 04 进入音量界面，拖曳白色的圆形滑块，将音量调整至200，如图3-17所示。

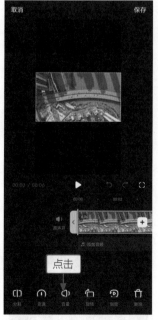

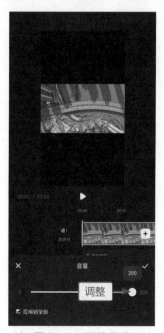

图3-16 点击"音量"按钮　　　　　　　图3-17 调整音量

案例效果

教学视频

3.1.4 对视频进行倒放处理

【效果展示】：使用抖音App可以对短视频进行倒放处理，从而让视频画面更具创意感，做出类似"时光倒流"的画面效果，如图3-18所示。

图3-18　视频效果展示

下面介绍对视频进行倒放处理的具体操作方法。

STEP 01 在抖音App中导入一个视频素材，进入视频编辑界面，展开右侧工具栏，点击"剪裁"按钮，如图3-19所示。

STEP 02 进入剪裁界面，点击"倒放"按钮，如图3-20所示。

图3-19　点击"剪裁"按钮

图3-20　点击"倒放"按钮

STEP 03 系统会对视频片段进行倒放处理，并显示处理进度，如图3-21所示。

STEP 04 稍等片刻，即可倒放所选视频片段，如图3-22所示。

图3-21 显示倒放处理进度　　　　　　图3-22 倒放所选视频片段

3.2 对音频进行剪辑

　　音频是短视频中非常重要的元素，添加一段合适的背景音乐或者语音旁白，能够让你的短视频作品锦上添花。本节主要介绍短视频的音频剪辑和处理技巧，包括添加音乐、淡化处理、变速处理和变声等。

3.2.1 为视频添加音乐

案例效果　　教学视频1　　教学视频2

　　【效果展示】：抖音App具有丰富的曲库，用户可以根据短视频的情境和主题选择合适的背景音乐，以升华短视频的主旨，视频效果如图3-23所示。

图3-23 视频效果展示

下面介绍为视频添加背景音乐的两种操作方法。

1. 进入"剪裁"界面

进入"剪裁"界面中添加背景音乐，具体操作方法如下。

`STEP 01` 在抖音App中导入一个视频素材，进入视频编辑界面，展开右侧工具栏，点击"剪裁"按钮，如图3-24所示。

`STEP 02` 进入剪裁界面，点击"原声开"按钮，如图3-25所示，即可关闭视频原声。

图3-24 点击"剪裁"按钮　　　　　　　图3-25 点击"原声开"按钮

`STEP 03` 点击"添加音频"按钮，如图3-26所示。

`STEP 04` 进入相应界面，❶在搜索框中输入相应的关键词；❷点击输入法面板上的"搜索"按钮，如图3-27所示。

图3-26 点击"添加音频"按钮　　　　　图3-27 点击"搜索"按钮

STEP 05 在搜索结果中选择一首合适的音乐，可进行试听，如图3-28所示。

STEP 06 点击"使用"按钮，即可将其添加到音频轨道中，如图3-29所示。

图3-28 选择合适的音乐

图3-29 添加背景音乐

2. 点击"选择音乐"按钮

点击"选择音乐"按钮进行添加，具体操作方法如下。

STEP 01 在抖音App中导入一个视频素材，点击"选择音乐"按钮，如图3-30所示。

STEP 02 执行操作后，弹出"推荐"面板，❶在搜索框中输入关键词；❷点击输入法面板上的"搜索"按钮，如图3-31所示。后面的操作方法与第1种方法一致，此处不再赘述，有需要的读者可以观看教学视频了解详细的操作步骤。

图3-30 点击"选择音乐"按钮

图3-31 点击"搜索"按钮

3.2.2 为音频设置淡化效果

【效果展示】：使用抖音App可以对短视频的背景音乐进行淡化处理，设置音频的淡入淡出效果后，可以让背景音乐变得柔和，视频效果如图3-32所示。

图3-32　视频效果展示

下面介绍为音频设置淡化效果的具体操作方法。

STEP 01　在抖音App中导入一个视频素材，进入视频编辑界面，展开右侧工具栏，点击"剪裁"按钮，如图3-33所示。

STEP 02　进入剪裁界面，点击"添加音频"按钮，如图3-34所示。

图3-33　点击"剪裁"按钮　　　　　　图3-34　点击"添加音频"按钮

STEP 03　进入"选择音乐"界面，❶切换至"本地"选项卡；❷点击"提取视频中的音频"按钮，如图3-35所示。

STEP 04　进入"所有视频"界面，❶选择相应视频；❷点击"提取音频"按钮，如图3-36所示。

图3-35　点击"提取视频中的音频"按钮

图3-36　点击"提取音频"按钮

STEP 05 执行操作后，即可将所选视频中的音频提取到"本地"选项卡中，❶选择提取的音频；❷点击"使用"按钮，如图3-37所示。

STEP 06 执行操作后，即可为视频添加背景音乐，点击"淡化"按钮，如图3-38所示。

图3-37　点击"使用"按钮

图3-38　点击"淡化"按钮

STEP 07 进入"淡入淡出"界面，拖曳"淡入"选项右侧的圆形滑块，将"淡入"时长设置为1.0s，如图3-39所示。

STEP 08 拖曳"淡出"选项右侧的圆形滑块，将"淡出"时长设置为1.0s，如图3-40所示。确认后即可完成音频淡化处理。

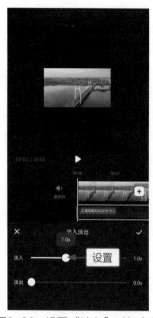

图3-39 设置"淡入"时长参数

图3-40 设置"淡出"时长参数

案例效果　教学视频

3.2.3 调整音频的播放速度

【效果展示】：使用抖音App可以对短视频的音频进行变速处理，从而改变背景音乐的播放速度，视频效果如图3-41所示。

图3-41 视频效果展示

下面介绍调整音频播放速度的具体操作方法。

STEP 01 在抖音App中导入一个视频素材，进入视频编辑界面，展开右侧工具栏，点击"剪裁"按钮，如图3-42所示。

STEP 02 进入剪裁界面，点击"原声开"按钮，如图3-43所示，关闭视频的原声。

STEP 03 ❶为视频添加一个背景音乐，❷点击"变速"按钮，如图3-44所示。

STEP 04 进入"变速"界面，向右拖曳滑块，将其设置为1.5x，调整音频素材的持续时长，如图3-45所示。

图3-42 点击"剪裁"按钮

图3-43 点击"原声开"按钮

图3-44 点击"变速"按钮

图3-45 设置"变速"参数

3.2.4 对音频进行变声处理

案例效果

教学视频

【效果展示】：使用抖音App可以对短视频的音频进行变声处理，实现不同的声音效果，视频效果如图3-46所示。

图3-46　视频效果展示

下面介绍对音频进行变声处理的具体操作方法。

STEP 01 在抖音App中导入一段素材，进入视频编辑界面，展开右侧的工具栏，点击"变声"
按钮，如图3-47所示。

STEP 02 进入变声界面，选择合适的音色，例如"小哥哥"音色，即可改变声音效果，如
图3-48所示。

图3-47　点击"变声"按钮

图3-48　选择"小哥哥"音色

抖音App中的文字和贴纸不仅种类丰富，而且使用起来也很方便简单。用户可以为视频添加不同样式的文字和贴纸，以达到表达情感、传达信息或烘托氛围的目的。本章主要介绍在抖音App中添加文字和贴纸的操作技巧，帮助用户制作短视频的字幕效果。

CHAPTER

第4章

添加文字和贴纸

新手重点索引

为视频添加文字

为视频添加贴纸

效果图片欣赏

4.1 为视频添加文字

在抖音App中上传视频时，用户可以在视频上面添加一些文字，来表达自己的心情或者传达视频的主旨。本节主要介绍为视频添加文字的相关操作，包括添加合适的文字、添加@对象、为文本添加朗读效果、设置文字的持续时长和为视频自动添加字幕。

4.1.1 添加合适的文字

案例效果　　教学视频

【效果展示】：使用抖音App可以轻松地为视频添加文字，并设置文字字体，让文字效果更加美观，效果如图4-1所示。

图4-1　效果展示

下面介绍为视频添加文字的具体操作方法。

STEP 01 在抖音App中导入一个视频素材，进入视频编辑界面，点击展开图标 ，如图4-2所示。

STEP 02 展开右侧工具栏，点击"文字"按钮，如图4-3所示。

图4-2　点击展开图标

图4-3　点击"文字"按钮

STEP 03 进入文字编辑界面，❶输入相应的文字；❷选择合适的字体，如图4-4所示。

STEP 04 点击"完成"按钮，在编辑界面中调整文字的位置和大小，如图4-5所示。

图4-4 输入文字并选择字体　　　　　　图4-5 调整文字的位置和大小

案例效果　　教学视频

4.1.2 添加@对象

【效果展示】：使用抖音App除了可以在短视频中添加文字，还可以添加@好友的账号，邀请好友来观看视频，效果如图4-6所示。

图4-6 效果展示

下面介绍添加@对象的具体操作方法。

STEP 01 在抖音App中导入一个视频素材，进入视频编辑界面，点击展开图标 ✓，如图4-7所示。

STEP 02 展开右侧工具栏，点击"文字"按钮，如图4-8所示。

图4-7　点击展开图标

图4-8　点击"文字"按钮

STEP 03 进入文字编辑界面，❶输入文字；❷选择一个合适的字体样式；❸点击@按钮，如图4-9所示。

STEP 04 ❶输入要@的用户名称关键词；❷在下方出现的相关用户中选择该用户，如图4-10所示。

图4-9　点击相应按钮

图4-10　选择用户

STEP 05 执行操作后，即可将@的对象添加到视频中，点击 ≣ 按钮对齐文字，如图4-11 所示。

STEP 06 执行操作后，即可将两排文字靠左对齐，点击 ⬤ 按钮，如图4-12所示。

图4-11　选择对齐文字按钮　　　　　　　图4-12　点击颜色按钮

STEP 07 执行操作后，在下方出现的颜色列表中选择合适的颜色，如图4-13所示。

STEP 08 点击"完成"按钮，即可完成文字的添加和设置，最后调整文字的位置和大小，如图4-14所示。

图4-13　选择合适的颜色　　　　　　　　图4-14　调整文字的位置和大小

案例效果　　教学视频

4.1.3 为文本添加朗读效果

【效果展示】：用户可以使用抖音App的文本朗读功能，直接在视频上输入文字，即可进行文本朗读，不仅可以减少录音的时间，而且可以自行选择喜欢的音色进行朗读，让视频更具生动性，效果如图4-15所示。

图4-15　效果展示

下面介绍为文本添加朗读效果的具体操作方法。

STEP 01 在抖音App中导入一个视频素材，进入视频编辑界面，点击展开图标 ，如图4-16所示。

STEP 02 展开右侧工具栏，点击"文字"按钮，如图4-17所示。

图4-16　点击展开图标　　　　　　　　　图4-17　点击"文字"按钮

STEP 03 进入文字编辑界面，❶输入相应的文字；❷选择合适的字体；❸点击 按钮，如图4-18所示。

STEP 04 进入"选择文本朗读音色"界面，❶选择"清新女声"音色；❷点击"完成"按钮，如图4-19所示。

图4-18　点击相应按钮

图4-19　选择朗读音色

STEP 05 执行操作后，系统会自动跳回文本朗读界面，点击"完成"按钮，如图4-20所示。

STEP 06 在视频编辑界面调整文字的位置和大小，如图4-21所示。

图4-20　点击"完成"按钮

图4-21　调整文字位置和大小

4.1.4 设置文字的持续时长

案例效果

教学视频

【效果展示】：用户可以使用抖音App设置短视频中的文字时长，在完成文字的输入和编辑之后，对其在视频中出现的时间和持续时长进行设置。设置文字时长既能起到标识的作用，又不会让文字从头到尾覆盖在视频的画面上，可以减轻画面的负担，让观众更加全面地欣赏视频，效果如图4-22所示。

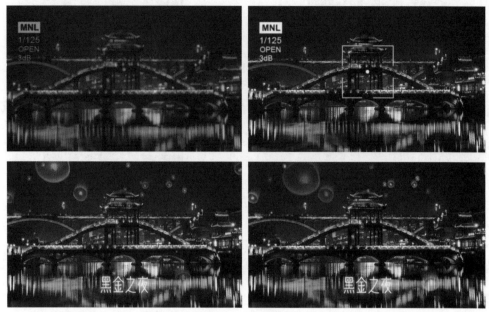

图4-22　效果展示

下面介绍设置文本时长的具体操作方法。

STEP 01 在抖音App中导入一个视频素材，进入视频编辑界面，点击展开图标 ，如图4-23所示。

STEP 02 展开右侧工具栏，点击"文字"按钮，如图4-24所示。

图4-23　点击展开图标

图4-24　点击"文字"按钮

STEP 03 进入文字编辑界面，❶输入相应的文字；❷在字体样式中选择相应的字体；❸点击"完成"按钮，如图4-25所示。

STEP 04 执行操作后，会自动跳回到视频编辑界面，❶点击视频中刚输入的文字，弹出操作菜单；❷选择"设置时长"选项，如图4-26所示。

图4-25 输入文字并选择字体　　　　　　　图4-26 选择"设置时长"选项

STEP 05 进入"时长设置"界面，❶设置文字的出现位置和持续时长；❷点击✔按钮，如图4-27所示。

STEP 06 执行操作后，在视频编辑界面中调整文字的位置，如图4-28所示。

图4-27 设置文字出现位置和持续时长　　　图4-28 调整文字位置

4.1.5 为视频自动添加字幕

案例效果

教学视频

【效果展示】：使用抖音App可以对字幕进行编辑处理，修改字幕的错误内容或者增加一些标点符号等，从而避免系统识别错误，提高字幕内容的正确性，效果如图4-29所示。

图4-29　效果展示

下面介绍编辑字幕的具体操作方法。

STEP 01 在抖音App中导入一个视频素材，进入视频编辑界面，点击展开图标 ，如图4-30所示。

STEP 02 展开右侧工具栏，点击"自动字幕"按钮，如图4-31所示。

图4-30　点击展开图标

图4-31　点击"自动字幕"按钮

STEP 03 执行操作后，软件开始自动识别视频中的语音内容，如图4-32所示。

STEP 04 稍等片刻后，即可自动生成字幕，点击⟋按钮，如图4-33所示。

图4-32　自动识别语音内容　　　　　图4-33　点击字幕编辑按钮

STEP 05 进入"字幕编辑"界面，❶调整字幕的断句；❷点击✔按钮，如图4-34所示。

STEP 06 点击Ⓐ按钮，如图4-35所示。

图4-34　调整字幕　　　　　　　　图4-35　点击文字设置按钮

STEP 07 进入相应界面，❶更改文字字体；❷选择文字颜色，如图4-36所示。点击✔按钮，确认更改。

STEP 08 点击"保存"按钮，在视频编辑界面中调整文字的位置，如图4-37所示。

图4-36　选择文字颜色

图4-37　调整文字位置

4.2 为视频添加贴纸

贴纸是在抖音App中拍摄或上传短视频时添加的文字、图案、图形等装饰元素，其适用于各种短视频，也有很多不同的作用，例如表达时间、地理位置和人物心情等。

4.2.1 为视频添加装饰贴纸

案例效果　　教学视频

【效果展示】：装饰贴纸主要用于装饰视频中的人物或环境，多以图案为主，可以让画面效果更加吸引人，效果如图4-38所示。

图4-38　效果展示

图4-38 效果展示(续)

下面介绍添加装饰贴纸的具体操作方法。

STEP 01 在抖音App中导入一个视频素材，进入视频编辑界面，点击展开图标 ，如图4-39所示。

STEP 02 展开右侧工具栏后，点击"贴纸"按钮，如图4-40所示。

图4-39 点击展开图标

图4-40 点击"贴纸"按钮

STEP 03 进入"贴图"界面，❶切换至"装饰"选项卡；❷选择一个适合的贴纸，如图4-41所示。

STEP 04 调整烟花贴纸的大小和位置，如图4-42所示。

图4-41　选择贴纸

图4-42　调整贴纸的位置和大小

STEP 05 ❶点击贴纸，弹出操作菜单；❷选择"设置时长"选项，如图4-43所示。

STEP 06 进入"时长设置"界面，设置贴纸的时长为3.0s，如图4-44所示。

图4-43　选择"设置时长"选项

图4-44　设置贴纸的时长

STEP 07 点击✔按钮返回编辑界面，点击"贴纸"按钮，在"装饰"选项卡中再选择一个烟花贴纸，如图4-45所示。

STEP 08 调整贴纸的位置和大小，如图4-46所示。

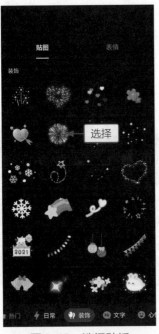

图4-45 选择贴纸

图4-46 调整贴纸的位置和大小

STEP 09 点击贴纸，在弹出的操作菜单中选择"调整时长"选项，在"时长设置"界面中设置贴纸的时长，如图4-47所示。

STEP 10 使用与上述同样的方法，再添加一个烟花贴纸，调整贴纸的大小、位置和时长，如图4-48所示。

图4-47 设置贴纸的时长

图4-48 再添加一个贴纸

案例效果

教学视频

4.2.2 为视频添加文字贴纸

【效果展示】：文字贴纸大多数都以文字作为表达形式，以文艺性和生活性内容为主，能够调动观众的心情，效果如图4-49所示。

图4-49　效果展示

下面介绍添加文字贴纸的具体操作方法。

STEP 01 在抖音App中导入一个视频素材，进入视频编辑界面，点击展开图标 ∨ ，如图4-50所示。

STEP 02 展开右侧工具栏后，点击"贴纸"按钮，如图4-51所示。

图4-50　点击展开图标

图4-51　点击"贴纸"按钮

STEP 03 进入"贴图"界面，❶切换至"文字"选项卡；❷选择一个贴纸，如图4-52所示。

STEP 04 调整贴纸的大小和位置，如图4-53所示。

图4-52　选择贴纸　　　　　　　　　图4-53　调整贴纸的大小和位置

案例效果　　　教学视频

4.2.3　为视频添加生活贴纸

【效果展示】：生活贴纸主要用于在视频中传达日常生活中的心情和感受，能够很好地引起观众的共鸣，效果如图4-54所示。

图4-54　效果展示

下面介绍添加生活贴纸的具体操作方法。

STEP 01　在抖音App中导入一个视频素材，进入视频编辑界面，点击展开图标，如图4-55所示。

STEP 02　展开右侧工具栏后，点击"贴纸"按钮，如图4-56所示。

STEP 03　进入"贴图"界面，❶切换至"生活"选项卡；❷选择一个贴纸，如图4-57所示。

STEP 04　调整贴纸的大小和位置，如图4-58所示。

图4-55　点击展开图标

图4-56　点击"贴纸"按钮

图4-57　选择贴纸

图4-58　调整贴纸的大小和位置

CHAPTER

第 5 章

章前知识导读

　　抖音App提供了种类丰富的滤镜和特效，其中滤镜是一种能够调节短视频画面色彩和画质的效果，能给短视频带来不同的视觉体验；而特效能够丰富短视频的内容，增强短视频的感染力。本章主要介绍在抖音App中为视频添加滤镜和特效的操作方法。

添加滤镜和特效

新手重点索引

为视频添加滤镜

为视频添加特效

效果图片欣赏

5.1 为视频添加滤镜

在抖音App中上传视频时，有时候画面中的人物或者景色看起来比较平淡，此时用户就可以使用滤镜来改善这个问题。无论是人像视频还是风景视频，借用滤镜都能够提高视频画面的美感度和观感度。本节主要介绍为视频添加复古滤镜、美食滤镜、风景滤镜和人像滤镜的操作方法。

5.1.1 为视频添加复古滤镜

案例效果

教学视频

【效果展示】：用户可以通过抖音App中的复古滤镜对视频进行氛围调整，使用复古滤镜能让视频画面看起来非常有故事感，仿佛在诉说着一段古老的故事，让人身临其境。调色前后效果对比，如图5-1所示。

图5-1　调色前后效果对比

下面介绍为视频添加复古滤镜的操作方法。

STEP 01 在抖音App中导入一个视频素材，进入视频编辑界面，点击展开图标，如图5-2所示。

STEP 02 展开右侧工具栏，点击"滤镜"按钮，如图5-3所示。

图5-2　点击展开图标

图5-3　点击"滤镜"按钮

STEP 03 执行操作后，进入滤镜界面，❶切换至"复古"选项卡；❷选择"拍立得"滤镜，如图5-4所示。

STEP 04 执行操作后，即可为视频添加"拍立得"滤镜。滤镜的默认应用程度为80。用户可以拖曳滑块，设置滤镜的应用程度为100，增强视频的复古感，如图5-5所示。

图5-4 选择"拍立得"滤镜

图5-5 设置滤镜的应用程度

5.1.2 为视频添加美食滤镜

案例效果

教学视频

【效果展示】：用户可以通过抖音App中的美食滤镜对视频中的食物进行色彩调整，让视频画面中的食物看起来更加可口，让人垂涎欲滴。调色前后效果对比，如图5-6所示。

图5-6 调色前后效果对比

下面介绍为视频添加美食滤镜的操作方法。

STEP 01 在抖音App中导入一个视频素材，进入视频编辑界面，点击展开图标✓，如图5-7所示。

STEP 02 展开右侧工具栏，点击"滤镜"按钮，如图5-8所示。

图5-7 点击展开图标　　　　　　图5-8 点击"滤镜"按钮

STEP 03 进入滤镜界面，❶切换至"美食"选项卡；❷选择"料理"滤镜，如图5-9所示。

STEP 04 拖曳滑块，设置滤镜的应用程度为100，如图5-10所示。

图5-9 选择"料理"滤镜　　　　　　图5-10 设置滤镜的应用程度

案例效果　　教学视频

5.1.3 为视频添加风景滤镜

【效果展示】：用户可以通过抖音App中的风景滤镜对视频中的风光进行美化，让风景看起来更加美丽，吸引更多人观看。调色前后效果对比，如图5-11所示。

图5-11　调色前后效果对比

下面介绍为视频添加风景滤镜的操作方法。

STEP 01 在抖音App中导入一个视频素材，进入视频编辑界面，点击展开图标 ，如图5-12所示。

STEP 02 展开右侧工具栏，点击"滤镜"按钮，如图5-13所示。

图5-12　点击展开图标

图5-13　点击"滤镜"按钮

STEP 03 进入滤镜界面，❶切换至"风景"选项卡，❷选择"绿妍"滤镜，如图5-14所示。

STEP 04 拖曳滑块，设置滤镜的应用程度为100，如图5-15所示。

图5-14　选择"绿妍"滤镜　　　　　　图5-15　设置滤镜的应用程度

5.1.4 为视频添加人像滤镜

案例效果

教学视频

【效果展示】：用户可以通过抖音App中的人像滤镜对视频中的人物进行美化，人像滤镜的主要作用对象是人物，但是也可以使周围的背景产生不同的效果，营造不一样的氛围。调色前后效果对比，如图5-16所示。

图5-16　调色前后效果对比

下面介绍为视频添加两种人像滤镜的操作方法。

STEP 01 在抖音App中导入一个视频素材，进入视频编辑界面，点击展开图标 ∨，如图5-17所示。

STEP 02 展开右侧工具栏，点击"滤镜"按钮，如图5-18所示。

图5-17 点击展开图标　　　　　　　　　　图5-18 点击"滤镜"按钮

STEP 03 执行操作后，进入滤镜界面，❶切换至"人像"选项卡，❷选择"自然"滤镜，如图5-19所示。

STEP 04 拖曳滑块，设置滤镜的应用程度为100，如图5-20所示。

图5-19 选择"自然"滤镜　　　　　　　　图5-20 设置滤镜的应用程度

5.2 为视频添加特效

在抖音App中有很多不同的特效，它们适用于各种场景，用户可以根据自身喜好和画面情境来使用不同的特效，使视频画面呈现出更加完美的效果。

案例效果

教学视频

5.2.1 为视频添加梦幻特效

【效果展示】：梦幻特效是抖音App中一种常见的特效，它能为视频塑造出浪漫唯美的氛围感，提升视频画面的美观度，效果如图5-21所示。

图5-21　效果展示

下面介绍添加梦幻特效的具体操作方法。

STEP 01 在抖音App中导入一个视频素材，进入视频编辑界面，点击展开图标■，如图5-22所示。

STEP 02 展开右侧工具栏后，点击"特效"按钮，如图5-23所示。

图5-22　点击展开图标

图5-23　点击"特效"按钮

STEP 03 进入特效界面，默认进入"梦幻"选项卡，❶将时间轴拖曳至需要添加特效的位置；❷按住"花火"特效，此时时间轴会自动向右移动，如图5-24所示。

STEP 04 当时间轴移动至视频的结束位置时，松开按住的特效，❶即可为视频添加"花火"特效；❷点击"保存"按钮，保存添加的特效，如图5-25所示。

图5-24 按住"花火"特效

图5-25 点击"保存"按钮

　　在抖音App中，部分特效需要用户按住才能添加，但在挑选特效的过程中，可能会误触某个特效，从而为视频添加不需要的特效，此时用户可以点击"撤销"按钮，撤销添加的特效。

　　另外，用户在通过按住特效进行添加时一定要一气呵成，一方面是因为有些特效无法在添加后调整时长，只能在添加时决定持续时长；另一方面是由于如果添加的过程中松开了按住的特效，系统会自动在该特效后面生成一段空白片段，从而影响效果的美观度。

5.2.2 为视频添加转场特效

案例效果　　教学视频

　　【效果展示】：转场特效是抖音App中一种常见的场景过渡特效，它的使用场所不固定，常用在视频开头或者两段视频的中间。转场特效的作用就是减轻视频播放时的生硬感，让视频看起来更加自然、流畅，能够有效地提高视频观感，提升视频质量，从而吸引更多的观众，效果如图5-26所示。

图5-26 效果展示

下面介绍为视频添加转场特效的具体操作方法。

STEP 01 在抖音App中导入一个视频素材，进入视频编辑界面，点击展开图标，如图5-27所示。

STEP 02 展开右侧工具栏后，点击"特效"按钮，如图5-28所示。

图5-27 点击展开图标

图5-28 点击"特效"按钮

STEP 03 进入特效界面后，❶切换至"转场"选项卡；❷点击"变清晰"特效，如图5-29所示。

STEP 04 执行操作后，点击"保存"按钮，如图5-30所示。

图5-29 点击"变清晰"特效

图5-30 点击"保存"按钮

5.2.3 为视频添加自然特效

案例效果　教学视频

【效果展示】：自然特效主要是在视频中模拟大自然的一些天气现象和场景，如下雨、下雪、闪电和落花等，能够让观众仿佛置身于大自然中一样，效果非常逼真，容易让人有沉浸感，效果如图5-31所示。

图5-31 效果展示

下面介绍为视频添加自然特效的具体操作方法。

STEP 01 在抖音App中导入一个视频素材，进入视频编辑界面，点击展开图标，如图5-32所示。

STEP 02 展开右侧工具栏后，点击"特效"按钮，如图5-33所示。

图5-32　点击展开图标　　　　　　　图5-33　点击"特效"按钮

STEP 03 进入特效界面，❶切换至"自然"选项卡；❷按住"飘花瓣"特效，如图5-34所示。

STEP 04 执行操作后，点击"保存"按钮，如图5-35所示。

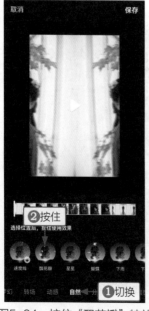

图5-34　按住"飘花瓣"特效　　　　　　图5-35　点击"保存"按钮

案例效果　　教学视频

5.2.4 为视频添加慢动作特效

【效果展示】：时间特效主要用于改变视频的播放速度和播放形式，像慢动作和时间倒流等，同时也会更改视频的时长。"慢动作"特效是指将视频中某一段画面进行慢放，使用这种特效可以放大人物的动作，更有利于展现其动作的飘逸性，赋予其美感，效果如图5-36所示。

图5-36　效果展示

下面介绍添加"慢动作"特效的具体操作方法。

STEP 01 在抖音App中导入一个视频素材，进入视频编辑界面，点击展开图标，如图5-37所示。

STEP 02 展开右侧工具栏后，点击"特效"按钮，如图5-38所示。

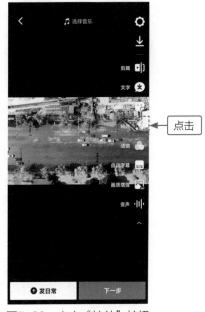

点击

图5-37　点击展开图标　　　　图5-38　点击"特效"按钮

STEP 03 进入特效界面，❶切换至"时间"选项卡；❷将时间轴拖曳至合适的位置；❸点击

"慢动作"特效，如图5-39所示。

STEP 04 ❶将特效的持续时间设置为1.5s；❷点击"保存"按钮，如图5-40所示。

图5-39　点击"慢动作"特效

图5-40　点击"保存"按钮

剪映篇

CHAPTER

第6章

章前知识导读

　　剪映App是抖音推出的一款视频剪辑软件，随着潮流的更迭，剪映App也在不断更新与完善，功能也越来越强大，支持分割、变速、裁剪、替换和防抖等专业的剪辑功能，还有丰富的曲库、特效、转场和视频素材等资源。本章主要从认识剪映App开始介绍其具体操作方法。

剪辑素材画面

新手重点索引

 了解剪映App

 掌握基础剪辑操作

效果图片欣赏

6.1 了解剪映App

用户想通过剪映App制作好看的短视频效果，要先了解这款App，才能在后续的剪辑过程中得心应手。本节主要介绍剪映App的工作界面、缩放轨道和关闭自带片尾的操作方法。

6.1.1 认识剪映App的工作界面

教学视频

剪映App是一款功能非常全面的手机剪辑软件，能够让用户在手机上轻松完成短视频剪辑。在手机屏幕上点击"剪映"图标，如图6-1所示，即可打开剪映App。进入剪映App的"剪辑"界面，点击"开始创作"按钮，如图6-2所示。

图6-1 点击"剪映"图标

图6-2 点击"开始创作"按钮

进入"照片视频"界面，❶在其中选择相应的素材；❷选中"高清"复选框，如图6-3所示。

点击"添加"按钮，即可成功导入相应的素材，并进入编辑界面，其界面组成如图6-4所示。

用户在进行视频编辑操作后，点击预览区域右下角的撤回按钮Ↄ，即可撤销上一步的操作。点击恢复按钮ↄ，即可恢复上一步操作。在预览区域左下角的时间，表示当前时长和视频的总时长。点击预览区域右下角的▧按钮，可以全屏预览视频效果，如图6-5所示。点击▶按钮，即可播放视频，如图6-6所示。

①选择

②选中

图6-3　选中"高清"复选框

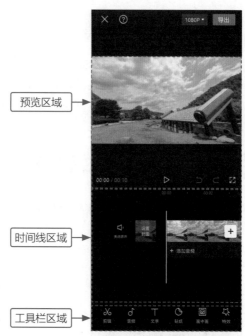

预览区域

时间线区域

工具栏区域

图6-4　编辑界面的组成

图6-5　全屏预览视频效果

图6-6　播放视频

在时间线区域中，点击轨道右侧的＋按钮，可以在时间线区域的视频轨道上添加一个新的素材。除了以上导入素材的方法外，用户还可以在"素材库"界面中选用素材。剪映素材库内置了丰富的素材，进入"素材库"界面后，可以看到热门、转场片段、故障动画、空镜头、片头和片尾等素材，如图6-7所示。

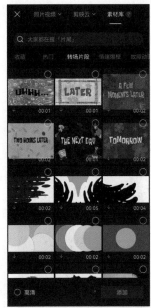

图6-7 "素材库"界面

6.1.2 掌握缩放轨道的方法

在时间线区域中，有一根白色的垂直线条，叫作时间轴，上面为时间刻度。用户可以左右滑动视频，查看导入的视频或效果，在时间线上可以看到视频轨道和音频轨道，还可以增加字幕轨道，如图6-8所示。

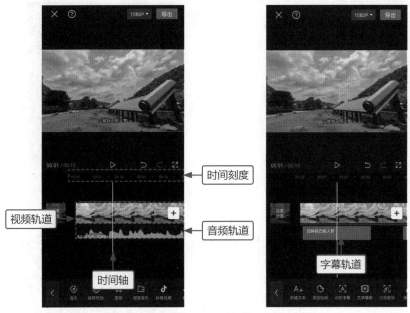

时间刻度

视频轨道

音频轨道

字幕轨道

时间轴

图6-8 时间线区域

用双指在视频轨道上捏合，可以缩小时间线；反之，用双指在视频轨道上滑开，即可放大时间线，如图6-9所示。

图6-9　缩放时间线的大小

6.1.3 关闭剪映自带的片尾

教学视频

在剪映App的默认设置中，有一个"自动添加片尾"功能，只要开启该功能，用户每次创建一个新的剪辑草稿文件时，都会在素材的结束位置添加一个软件自带的默认片尾，效果如图6-10所示。

在视频轨道中，❶选择片尾；❷在工具栏中点击"删除"按钮，如图6-11所示，即可将自动添加的默认片尾删除。点击"添加片尾"按钮，如图6-12所示，即可再次添加默认的片尾。

如果用户想关闭"自动添加片尾"功能，需要在"剪辑"界面中点击右上角的⬤按钮，如图6-13所示。进入相应界面，❶点击"自动添加片尾"右侧

图6-10　自动添加片尾效果

的开关 ，弹出提示框；❷选择"移除片尾"选项，如图6-14所示，即可将"自动添加片尾"功能关闭，禁止剪映自动添加默认片尾。

图6-11　点击"删除"按钮

图6-12　点击"添加片尾"按钮

图6-13　点击相应按钮

图6-14　选择"移除片尾"选项

6.2 掌握基础剪辑操作

　　用户在使用剪映App进行视频剪辑前，除了要了解该App，还要掌握其基础剪辑操作，这些操作能够满足用户的基本剪辑需求，还能够提高用户的剪辑效率。

案例效果

教学视频

6.2.1 分割和删除素材

【效果展示】：如果素材的时长太长，很容易让观众失去观看的兴趣，此时用户可以对素材进行分割操作，并将多余的视频片段删除，只保留需要的片段，突出素材中的重点画面，效果如图6-15所示。

图6-15 效果展示

下面介绍在剪映App中分割和删除素材的具体操作方法。

STEP 01 在剪映App的"剪辑"界面中点击"开始创作"按钮，如图6-16所示。

STEP 02 进 入 "照片视频"界面，❶选择要剪辑的素材；❷选中"高清"复选框；❸点击"添加"按钮，如图6-17所示。

图6-16 点击"开始创作"按钮

图6-17 点击"添加"按钮

STEP 03 执行操作后，即可进入剪辑界面，并将选择的视频素材添加到视频轨道中，如图6-18所示。

STEP 04 ❶将时间轴拖曳至00:06的位置；❷点击"剪辑"按钮，如图6-19所示。

图6-18　将素材添加到视频轨道中

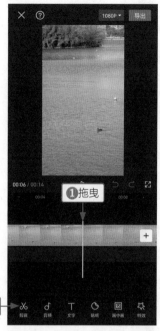

图6-19　点击"剪辑"按钮

STEP 05 进入剪辑工具栏，点击"分割"按钮，如图6-20所示。

STEP 06 执行操作后，即可将视频分割为两段，❶选择分割的后半段素材；❷点击工具栏中的"删除"按钮，即可将其删除，如图6-21所示。

图6-20　点击"分割"按钮

图6-21　点击"删除"按钮

在剪映App中，用户还可以通过按住素材左侧的白色拉杆向右拖曳或按住素材右侧的白色拉杆向左拖曳，来调整素材的时长。

案例效果　　教学视频

6.2.2 调整视频的比例和背景

【效果展示】：在剪映App中，用户可以根据自己的需求，设置视频画布比例，还可以为视频设置画面背景，让黑色背景变成彩色背景，如图6-22所示。

下面介绍在剪映App中调整视频比例和背景的具体操作方法。

STEP 01 ❶在剪映App中导入相应的素材；❷点击"比例"按钮，如图6-23所示。

STEP 02 在比例工具栏中，选择9：16选项，将横屏改为竖屏，如图6-24所示。

图6-22　效果展示

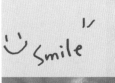

图6-23　点击"比例"按钮

图6-24　选择9：16选项

STEP 03 返回主界面，依次点击"背景"按钮和"画布样式"按钮，如图6-25所示。

STEP 04 在"画布样式"面板中，选择一个样式，更换背景，如图6-26所示。

图6-25 点击"画布样式"按钮

图6-26 选择一个样式

案例效果 教学视频

6.2.3 对素材进行替换

【效果展示】：替换素材功能能够快速替换掉视频轨道中不合适的视频素材。替换素材前后效果，如图6-27所示。

图6-27 效果展示

下面介绍在剪映App中替换视频素材的具体操作方法。

STEP 01 在剪映App中导入两段视频素材，如图6-28所示。

STEP 02 如果用户发现更适合的素材，❶可以选择需要替换的素材；❷点击"替换"按钮，如图6-29所示。

图6-28　导入视频素材

图6-29　点击"替换"按钮

STEP 03 进入"照片视频"界面，选择需要替换的素材，如图6-30所示。

STEP 04 进入相应界面，❶查看替换效果；❷点击"确认"按钮，如图6-31所示，即可成功替换素材。

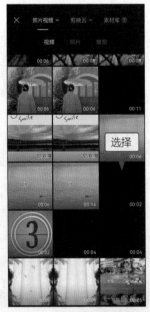

图6-30　选择需要替换的素材

图6-31　点击"确认"按钮

STEP 05 返回主界面，❶将时间轴拖曳至视频起始位置；❷点击"音频"按钮，如图6-32所示。

STEP 06 进入音频工具栏，点击"提取音乐"按钮，如图6-33所示。

图6-32 点击"音频"按钮

图6-33 点击"提取音乐"按钮

STEP 07 进入"照片视频"界面，❶选择要提取音乐的视频；❷点击"仅导入视频的声音"按钮，如图6-34所示。

STEP 08 执行操作后，即可为视频添加背景音乐，如图6-35所示。

图6-34 点击"仅导入视频的声音"按钮

图6-35 添加背景音乐

STEP 09 为了获得更好的视听体验，用户可以将音频的时长调整为与视频时长一致，❶将时间轴拖曳至视频结束位置；❷选择音频；❸点击"分割"按钮，如图6-36所示，即可将多余的音频分割出来。

STEP 10 ❶选择分割出的后半段音频；❷点击"删除"按钮即可，如图6-37所示。

图6-36 点击"分割"按钮

图6-37 点击"删除"按钮

6.2.4 为视频添加蒙太奇变速效果

案例效果

教学视频

【效果展示】："变速"功能能够改变视频的播放速度，让画面更有动感。用户可以看到播放速度随着背景音乐的变化，一会儿快一会儿慢，效果如图6-38所示。

图6-38 效果展示

下面介绍在剪映App中为素材添加蒙太奇变速的操作方法。

STEP 01 在剪映App中导入一段视频素材，❶选择素材；❷在工具栏中点击"音频分离"按钮，如图6-39所示，将视频中的音频分离出来。

STEP 02 ❶再次选择素材；❷在工具栏中点击"变速"按钮，如图6-40所示。

图6-39 点击"音频分离"按钮

图6-40 点击"变速"按钮

STEP 03 进入变速工具栏，点击"曲线变速"按钮，如图6-41所示。

STEP 04 在"曲线变速"面板中，选择"蒙太奇"选项，如图6-42所示。

图6-41 点击"曲线变速"按钮

图6-42 选择"蒙太奇"选项

STEP 05 点击"点击编辑"按钮，弹出"蒙太奇"编辑面板，按住第1个变速点并将其拖曳至第3条线的位置上，即可设置其"速度"参数为1.0x，如图6-43所示。

STEP 06 使用与上述同样的方法，设置第2个变速点的"速度"参数为1.0x、第3个变速点的

"速度"参数为10.0x、第4个和第5个变速点的"速度"参数为0.5x、第6个变速点的"速度"参数为0.3x，即可调整蒙太奇变速效果，如图6-44所示。

 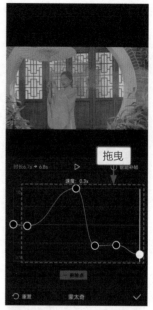

图6-43　拖曳变速点1　　　　　　　　　　图6-44　拖曳变速点2

STEP 07 有时变速后的视频可能会出现画面卡顿的情况，这是由于视频原帧数无法满足变速后需要的画面帧数，剪映App针对这一问题推出了"智能补帧"功能，❶选中"智能补帧"复选框；❷点击✔按钮，如图6-45所示。

STEP 08 执行操作后，系统会开始自动生成顺滑慢动作，并显示进度，如图6-46所示。处理完成后，即可查看变速效果。

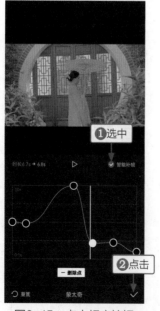 

图6-45　点击相应按钮　　　　　　　　　　图6-46　显示生成进度

6.2.5 为视频设置防抖

【效果展示】：在剪映App中，用户可以运用"防抖"功能为画面不够稳定的素材进行防抖处理，如图6-47所示。

图6-47　效果展示

下面介绍为视频设置防抖功能的操作方法。

STEP 01 在剪映App中导入一段视频素材，❶选择素材；❷在工具栏中点击"防抖"按钮，如图6-48所示。

STEP 02 执行操作后，弹出"防抖"面板，剪映App提供了"裁切最少""推荐"和"最稳定"这3种防抖模式。用户可以根据需求进行选择，例如拖曳滑块，设置"防抖"模式为"推荐"，如图6-49所示。稍等片刻后即可查看防抖效果。

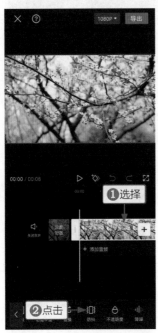
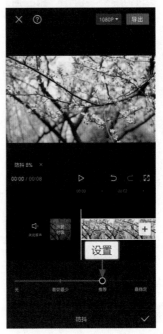

图6-48　点击"防抖"按钮　　　　图6-49　设置"防抖"模式为"推荐"

案例效果　　教学视频

6.2.6 为视频设置封面

【效果展示】：在剪映App中，视频封面一般默认为第1帧画面，如果用户不满意，可以自定义设置封面。封面设置前后对比效果，如图6-50所示。

图6-50　封面设置前后对比展示

下面介绍在剪映App中为视频设置封面的操作方法。

STEP 01　❶在剪映App中导入一段视频素材；❷在视频轨道的起始位置点击"设置封面"按钮，如图6-51所示。

STEP 02　进入相应界面，在"视频帧"选项卡中，❶将时间轴拖曳至相应位置；❷点击"保存"按钮，即可完成封面设置，如图6-52所示。

图6-51　点击"设置封面"按钮

图6-52　点击"保存"按钮

字幕与音频是短视频中的重要因素，合适的字幕能让视频内容更加直观，也能更方便地传播视频内容；而合适的音频可以为观众带来更好的视听体验，进一步将观众带入视频情境中。本节主要介绍在剪映App中为视频添加字幕和音频的操作方法。

添加字幕和音频

新手重点索引

为视频添加字幕

为视频添加音频

效果图片欣赏

7.1 为视频添加字幕

剪映App除了能够剪辑视频外，用户也可以使用它给自己拍摄的短视频添加合适的字幕，以丰富视频的内容。

7.1.1 为视频添加文字

案例效果　　教学视频

【效果展示】：在剪映App中，用户可以根据需要在视频中输入文字并设置喜欢的样式，以丰富视频的内容，如图7-1所示。

图7-1　效果展示

下面介绍在剪映App中为视频添加文字的操作方法。

STEP 01 在剪映App中导入一个视频素材，❶将时间轴拖曳至20f的位置；❷在工具栏中点击"文字"按钮，如图7-2所示。

STEP 02 进入文字工具栏，点击"新建文本"按钮，如图7-3所示。

STEP 03 进入文字编辑界面，❶输入文字内容；❷在"字体"选项卡中选择一个合适的字体，如图7-4所示。

STEP 04 ❶切换至"花字"选项卡；❷展开"发光"选项区；❸选择一个花字样式，如图7-5所示。

图7-2 点击"文字"按钮

图7-3 点击"新建文本"按钮

图7-4 选择合适的字体

图7-5 选择一个花字样式

STEP 05 ❶切换至"动画"选项卡；❷选择"晕开"入场动画；❸拖曳蓝色箭头滑块，设置动画时长为1.5s，如图7-6所示。

STEP 06 ❶切换至"出场动画"选项区；❷选择"扭曲模糊"动画；❸拖曳红色箭头滑块，设置动画时长为1.0s，如图7-7所示。

STEP 07 在预览区域调整文字的位置和大小，如图7-8所示。

STEP 08 按住文字右侧的白色拉杆并向右拖曳，调整文字的时长，使文字的结束位置与视频的结束位置对齐，如图7-9所示。

图7-6　设置动画时长1

图7-7　设置动画时长2

图7-8　调整文字的位置和大小

图7-9　调整文字的持续时长

7.1.2　运用识别字幕功能

案例效果

教学视频

【效果展示】：在剪映App中运用"识别字幕"功能就能将视频中的语音内容识别成字幕，并对其进行编辑，效果如图7-10所示。

图7-10　效果展示

下面介绍在剪映App中，运用"识别字幕"功能生成文字的操作方法。

STEP 01 在剪映App中导入一个视频素材，在工具栏中点击"文字"按钮，如图7-11所示。

STEP 02 进入文字工具栏，点击"识别字幕"按钮，如图7-12所示。

图7-11　点击"文字"按钮

图7-12　点击"识别字幕"按钮

STEP 03 在弹出的"识别字幕"面板中点击"开始匹配"按钮，如图7-13所示。

STEP 04 识别完成之后，❶选择第1个文本；❷点击"编辑"按钮，如图7-14所示。

图7-13　点击"开始匹配"按钮

图7-14　点击"编辑"按钮

STEP 05 ❶在"字体"选项卡中选择一个字体；❷调整文字的位置和大小，如图7-15所示。

STEP 06 ❶切换至"样式"选项卡；❷选择一个合适的文字样式，如图7-16所示。

图7-15　调整文字的位置和大小

图7-16　选择文字样式

STEP 07 ❶切换至"排列"选项区；❷拖曳滑块，设置"字间距"为5，如图7-17所示。

STEP 08 ❶切换至"动画"选项卡；❷在"入场动画"选项区中选择"右下擦开"动画，如图7-18所示。

图7-17 设置"字间距"参数

图7-18 选择"右下擦开"动画

7.1.3 运用识别歌词功能

案例效果 教学视频

【效果展示】：在剪映App中运用"识别歌词"功能可以识别出视频中的音乐歌词，再添加"卡拉OK"文字动画，就能制作出KTV歌词字幕，效果如图7-19所示。

图7-19 效果展示

下面介绍在剪映App中运用"识别歌词"功能为视频添加歌词字幕的操作方法。

STEP 01 在剪映App中导入一个视频素材，在工具栏中点击"文字"按钮，如图7-20所示。

STEP 02 进入文字工具栏，点击"识别歌词"按钮，如图7-21所示。

图7-20　点击"文字"按钮

图7-21　点击"识别歌词"按钮

STEP 03 在弹出的面板中，点击"开始匹配"按钮，如图7-22所示。

STEP 04 识别完成之后，调整文本的持续时长，使其结束位置对准视频的结束位置，❶选择歌词文本；❷点击"批量编辑"按钮，如图7-23所示。

图7-22　点击"开始匹配"按钮

图7-23　点击"批量编辑"按钮

STEP 05 在批量编辑界面中，❶选择歌词；❷将光标定位在合适位置后，点击输入法面板中的"换行"按钮，如图7-24所示，即可将合在一起的歌词文本分为两段。

STEP 06 点击 Aa 按钮，如图7-25所示。

图7-24 点击"换行"按钮　　　　　　　　图7-25 点击相应按钮

STEP 07 进入文字编辑界面，❶在"字体"选项卡中选择一个字体；❷在预览区域调整文字的位置和大小，如图7-26所示。

STEP 08 ❶切换至"样式"选项卡；❷在"排列"选项区中设置"字间距"参数为5，如图7-27所示。

图7-26 调整文字的位置和大小　　　　　图7-27 设置"字间距"参数

STEP 09 ❶切换至"动画"选项卡；❷在"入场动画"选项区中选择"卡拉OK"动画，如图7-28所示。

STEP 10 ❶设置动画时长为最长；❷选择合适的动画颜色，如图7-29所示。

图7-28 选择"卡拉OK"动画

图7-29 选择动画颜色

7.1.4 为视频添加字幕配音

 案例效果　 教学视频

【效果展示】：在剪映App中运用"文本朗读"功能，可以为添加的解说字幕进行配音，还可以自由选择音色，效果如图7-30所示。

图7-30 效果展示

下面介绍在剪映App中为视频添加字幕配音的操作方法。

STEP 01　在剪映App中导入一个视频素材，❶选择视频素材；❷在工具栏中点击"音量"按钮，如图7-31所示。

STEP 02 弹出"音量"面板，拖曳滑块，设置"音量"参数为30，降低视频中背景音乐的音量，如图7-32所示。

图7-31 点击"音量"按钮

图7-32 设置"音量"参数

STEP 03 返回主界面，❶将时间轴拖曳至20f的位置；❷依次点击"文字"按钮和"新建文本"按钮，如图7-33所示。

STEP 04 进入文字编辑界面，❶输入文字内容；❷选择一个合适的字体；❸在预览区域调整文字的大小和位置，如图7-34所示。

图7-33 点击"新建文本"按钮

图7-34 调整文字的大小和位置

STEP 05 ❶切换至"样式"选项卡；❷在"排列"选项区中设置"字间距"参数为5，如图7-35所示。

STEP 06 ❶切换至"花字"选项卡；❷选择一个合适的花字样式，如图7-36所示。

图7-35 设置"字间距"参数　　　　　　　　图7-36 选择花字样式

STEP 07 ❶切换至"动画"选项卡；❷选择"晕开"入场动画，如图7-37所示。

STEP 08 ❶切换至"出场动画"选项区；❷选择"逐字翻转"动画，如图7-38所示。

图7-37 选择"晕开"入场动画　　　　　　　图7-38 选择"逐字翻转"动画

STEP 09 点击✓按钮确认，在工具栏中点击"复制"按钮，如图7-39所示。

STEP 10 执行操作后，即可复制一段相同的文字，❶选择复制的文字；❷点击"编辑"按钮，如图7-40所示。

图7-39 点击"复制"按钮

图7-40 点击"编辑"按钮

STEP 11 在文字编辑界面中修改文字内容，如图7-41所示。

STEP 12 使用与上述同样的方法，再复制一段文字，并修改文字内容，如图7-42所示。

图7-41 修改文字内容1

图7-42 修改文字内容2

STEP 13 在文字轨道中调整3段文字的位置和持续时长，如图7-43所示。

STEP 14 ❶选择第1段文字；❷在工具栏中点击"文本朗读"按钮，如图7-44所示。

STEP 15 弹出"音色选择"面板，❶选择"小姐姐"音色；❷选中"应用到全部文本"复选框，如图7-45所示。点击✅按钮确认，即可生成朗读音频。

图7-43　调整文字的位置和时长　图7-44　点击"文本朗读"按钮　图7-45　选中相应复选框

7.1.5 制作文字消散效果

案例效果　教学视频

【效果展示】：在剪映App中，通过添加消散粒子素材就能合成文字消散的效果，让文字随风消散，画面十分唯美，效果如图7-46所示。

图7-46　效果展示

下面介绍在剪映App中制作文字消散效果的操作方法。

STEP 01 在剪映App中导入一个视频素材，依次点击"文字"按钮和"新建文本"按钮，如

图7-47所示。

STEP 02 进入文字编辑界面，❶输入文字内容；❷选择字体；❸调整文字的大小和位置，如图7-48所示。

图7-47 点击"新建文本"按钮

图7-48 调整文字的大小和位置

STEP 03 ❶在文字轨道中调整文字的持续时长，使其与视频时长保持一致；❷在工具栏中点击"动画"按钮，如图7-49所示。

STEP 04 在"动画"选项卡的"入场动画"选项区中，❶选择"逐字翻转"动画；❷设置动画时长为1.5s，如图7-50所示。

图7-49 点击"动画"按钮

图7-50 设置动画时长1

STEP 05 ❶切换至"出场动画"选项区；❷选择"溶解"动画；❸设置动画时长为2.5s，如图7-51所示。

STEP 06 返回主界面，依次点击"画中画"按钮和"新增画中画"按钮，进入"照片视频"界面，❶选择消散粒子素材；❷点击"添加"按钮，如图7-52所示。

这里先调整文字的持续时长再添加动画，是由于文字的时长决定了入场动画和出场动画的总时长，即入场动画和出场动画的时长之和只能等于或小于文字的时长。剪映App中一个新建文本的默认时长为3.0s，但案例中文字的入场和出场动画时长之和已经超过了3.0s，因此要先调整文字的时长，再添加相应的文字动画。

图7-51　设置动画时长2

图7-52　点击"添加"按钮

STEP 07 执行操作后，即可在画中画轨道中添加一个粒子素材，❶按住粒子素材并将其拖曳至合适位置；❷选择粒子素材；❸在工具栏中点击"混合模式"按钮，如图7-53所示。

STEP 08 ❶在"混合模式"面板中选择"滤色"选项；❷在预览区域调整粒子素材的位置、大小和角度，如图7-54所示，即可完成文字消散效果的制作。

图7-53　点击"混合模式"按钮　　　　图7-54　调整粒子素材的位置和大小

7.2 为视频添加音频

在剪映App中，用户可以为短视频添加音乐和音效，也可以对添加的音频进行编辑，还可以运用"踩点"功能制作出动感的卡点视频。

7.2.1 为视频添加背景音乐

案例效果　　　教学视频

【效果展示】：剪映App中拥有非常丰富的背景音乐曲库，而且还有十分细致的分类。用户可以根据自己的视频内容或主题快速选择合适的背景音乐，视频效果如图7-55所示。

图7-55　视频效果展示

下面介绍在剪映App中为视频添加背景音乐的操作方法。

STEP 01　在剪映App中导入一段素材，在视频轨道的起始位置点击"关闭原声"按钮，如图7-56所示，将视频静音。

STEP 02　在工具栏中点击"音频"按钮，如图7-57所示。

图7-56　点击"关闭原声"按钮

图7-57　点击"音频"按钮

STEP 03 在音频工具栏中点击"音乐"按钮，如图7-58所示。

STEP 04 进入"添加音乐"界面，选择"舒缓"选项，如图7-59所示。

图7-58　点击"音乐"按钮

图7-59　选择"舒缓"选项

STEP 05 ❶在"舒缓"界面中选择合适的背景音乐，即可进行试听；❷点击音乐右侧的"使用"按钮，如图7-60所示。

STEP 06 执行操作后，即可将音乐添加到音频轨道中，❶选择音频；❷按住音频左侧的白色拉杆并向右拖曳，调整音乐的开始片段，如图7-61所示，并调整音频的位置。

STEP 07 ❶将时间轴拖曳至视频素材的结束位置；❷选择音频；❸点击"分割"按钮，如图7-62所示。

STEP 08 ❶选择分割后多余的音乐片段；❷点击"删除"按钮，如图7-63所示，将多余的片段删除，即可完成背景音乐的添加。

图7-60　点击"使用"按钮

图7-61　调整音乐的开始片段

图7-62　点击"分割"按钮

图7-63　点击"删除"按钮

7.2.2 为视频添加场景音效

案例效果

教学视频

【效果展示】：剪映App中还提供了很多有趣的音效，用户可以根据短视频的情境来增加音效，添加音效后可以让画面更有感染力，视频效果如图7-64所示。

图7-64　视频效果展示

下面介绍在剪映App中为视频添加场景音效的操作方法。

STEP 01 在剪映App中导入一段素材，在工具栏中点击"音频"按钮，如图7-65所示。

STEP 02 在音频工具栏中点击"音效"按钮，如图7-66所示。

图7-65　点击"音频"按钮

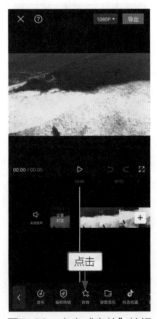

图7-66　点击"音效"按钮

STEP 03 进入音效素材库，❶切换至"环境音"选项卡；❷选择"海浪"音效，即可试听选择的音效，如图7-67所示。

STEP 04 点击"海浪"音效右侧的"使用"按钮，即可将其添加到音效轨道中，如图7-68所示。

STEP 05 ❶将时间轴拖曳至视频素材的结束位置；❷选择添加的音效；❸点击"分割"按

钮，如图7-69所示。

图7-67 选择"海浪"音效

图7-68 添加音效

图7-69 点击"分割"按钮

STEP 06 ❶选择分割后多余的音效片段；❷点击"删除"按钮，如图7-70所示，即可调整音效的持续时长。

STEP 07 为了让音效更加明显，用户可以对音效的音量进行调整，❶选择音效；❷在工具栏中点击"音量"按钮，如图7-71所示。

STEP 08 在弹出的"音量"面板中，设置"音量"参数为321，如图7-72所示。

图7-70 点击"删除"按钮

图7-71 点击"音量"按钮

图7-72 设置"音量"参数

案例效果　教学视频

7.2.3 添加抖音收藏的音乐

【效果展示】：因为剪映App是抖音官方推出的一款手机视频剪辑软件，所以它可以直接添加在抖音App中收藏的背景音乐，视频效果如图7-73所示。

图7-73　视频效果展示

下面介绍使用剪映App为视频添加抖音收藏背景音乐的操作方法。

STEP 01　在抖音App中打开想使用同款背景音乐的视频，点击视频右下角的音乐碟片🎵，如图7-74所示。

STEP 02　进入相应界面，点击"收藏音乐"按钮，如图7-75所示，即可将其收藏。

图7-74　点击音乐碟片

图7-75　点击"收藏音乐"按钮

STEP 03 进入剪映App，❶导入一段素材；❷点击"关闭原声"按钮，如图7-76所示，将原声关闭。

STEP 04 依次点击"音频"按钮和"抖音收藏"按钮，如图7-77所示。

图7-76 点击"关闭原声"按钮

图7-77 点击"抖音收藏"按钮

STEP 05 进入"添加音乐"界面，并自动切换至"抖音收藏"选项卡，❶选择之前收藏的音乐，即可进行试听；❷点击音乐右侧的"使用"按钮，如图7-78所示，即可将背景音乐添加到音频轨道中。

STEP 06 调整背景音乐的时长，使其与视频时长保持一致，如图7-79所示。

图7-78 点击"使用"按钮

图7-79 调整音频时长

案例效果

教学视频

7.2.4 为音频设置变声效果

【效果展示】：在处理短视频的音频素材时，用户可以为其增加一些变声的特效，让声音效果变得更有趣，视频效果如图7-80所示。

图7-80　视频效果展示

下面介绍在剪映App中为音频设置变声效果的操作方法。

STEP 01　在剪映App中，导入一个视频素材，如图7-81所示。

STEP 02　❶选择视频素材；❷点击"音频分离"按钮，如图7-82所示。

图7-81　导入一个视频素材

图7-82　点击"音频分离"按钮

STEP 03 执行操作后，即可将视频原声音频分离出来，如图7-83所示。

STEP 04 ❶选择分离的音频；❷点击"变声"按钮，如图7-84所示。

图7-83 分离视频原声音频

图7-84 点击"变声"按钮

STEP 05 弹出"变声"面板，其中显示了多种类型的声音音色，❶切换至"复古"选项卡；❷选择"扩音器"音色，如图7-85所示。点击 ✓ 按钮，即可对音频变声处理。

STEP 06 为视频添加合适的背景音乐，并设置其"音量"参数为30，如图7-86所示。

图7-85 选择"扩音器"音色

图7-86 设置"音量"参数

案例效果　　教学视频

7.2.5 运用踩点功能制作卡点视频

【效果展示】：渐变卡点视频是短视频卡点类型中比较热门的一种，视频画面会随着音乐的节奏点从黑白色渐变为有颜色的画面，主要使用剪映App的"踩点"功能和"变彩色"特效，制作出色彩渐变卡点短视频，视频效果如图7-87所示。

图7-87　视频效果展示

下面介绍在剪映App中运用"踩点"功能制作卡点视频的操作方法。

STEP 01 在剪映App中导入4段视频素材，依次点击"音频"按钮和"音乐"按钮，进入"添加音乐"界面，选择"卡点"选项，进入"卡点"界面，点击相应卡点音乐右侧的"使用"按钮，如图7-88所示，即可为视频添加一个卡点音乐。

STEP 02 ❶选择添加的音乐；❷将时间轴拖曳至5s20f的位置；❸在工具栏中点击"分割"按钮，如图7-89所示，即可将音频分割为两段。

STEP 03 删除分割出的前半段音频，调整音频的位置，使其起始位置对准视频素材的起始位置，如图7-90所示。

STEP 04 ❶选择音乐；❷在工具栏中点击"踩点"按钮，如图7-91所示。

STEP 05 弹出"踩点"面板，❶点击"自动踩点"按钮；❷选择"踩节拍Ⅰ"选项，如图7-92所示。点击✔按钮，即可为音频添加黄色的节拍点。

STEP 06 按住第1段素材右侧的白色拉杆并向左拖曳，调整其时长，使第1段素材的结束位置对准第2个节拍点，如图7-93所示。

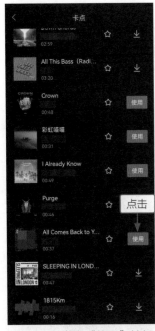

图7-88　点击"使用"按钮

图7-89　点击"分割"按钮

图7-90　调整音频的位置

图7-91　点击"踩点"按钮

图7-92　选择"踩节拍丨"选项

图7-93　调整第1段素材的时长

STEP 07　使用与上述同样的方法，调整剩下3段素材的时长，如图7-94所示。

STEP 08　在视频结束位置将音频分割成两段，❶选择分割出的后半段音频；❷点击工具栏中的"删除"按钮，如图7-95所示，将多余的音频删除。

STEP 09　返回主界面，❶将时间轴拖曳至视频起始位置；❷依次点击"特效"按钮和"画面特效"按钮，如图7-96所示。

STEP 10 进入特效素材库，在"基础"选项卡中选择"变彩色"特效，如图7-97所示。

图7-94 调整剩下素材的时长

图7-95 点击"删除"按钮

图7-96 点击"画面特效"按钮

图7-97 选择"变彩色"特效

STEP 11 点击✓按钮确认添加特效，❶调整特效的时长，使其与第1个素材的时长保持一致；❷点击工具栏中的"调整参数"按钮，如图7-98所示。

STEP 12 弹出"调整参数"面板，拖曳滑块，设置"变化速度"参数为50，如图7-99所示，加快画面色彩变化的速度。

图7-98 点击"调整参数"按钮 　　　　　　图7-99 设置"变化速度"参数

STEP 13 点击 ✓ 按钮返回上一级工具栏，点击"复制"按钮，如图7-100所示。

STEP 14 执行操作后，即可复制一个"变彩色"特效，调整复制特效的时长，使其与第2段素材的时长保持一致，如图7-101所示。

STEP 15 使用与上述同样的方法，再复制两个"变彩色"特效，并调整它们的时长，即可完成卡点视频的制作，如图7-102所示。

图7-100 点击"复制"按钮 　　　图7-101 调整特效的时长1 　　　图7-102 调整特效的时长2

8

CHAPTER

第8章

添加滤镜和特效

章前知识导读

剪映App可以充分满足用户关于调色、转场和视频特效等方面的需求，此外还支持多项实用功能，帮助用户快速、方便地制作出想要的视频效果。本章主要介绍在剪映App中为视频添加滤镜、转场和特效，以及运用剪映App的各项功能制作合成视频的操作方法。

 新手重点索引

为视频添加滤镜和调节

为视频添加转场和特效

制作合成视频

 效果图片欣赏

8.1 为视频添加滤镜和调节

　　如果用户拍摄的素材因为光线、设备等原因画面色彩失真或不好看，就可以运用剪映App的"滤镜"和"调节"功能进行补救，来获得漂亮的画面色彩。

案例效果　　教学视频

8.1.1 对植物进行调色

　　【效果展示】： 用户可以运用剪映App对植物视频进行调色，例如，将视频调成森系色调，能让视频中的植物看起来更加有质感。调色前后效果对比，如图8-1所示。

图8-1　调色前后效果对比

　　下面介绍在剪映App中对植物进行调色的操作方法。

STEP 01 导入一段视频素材，❶选择视频；❷在工具栏中点击"滤镜"按钮，如图8-2所示。

STEP 02 进入"滤镜"选项卡，❶切换至"复古胶片"选项区；❷选择"松果棕"滤镜，如图8-3所示。执行操作后，即可为视频添加一个滤镜。

图8-2　点击"滤镜"按钮　　　　图8-3　选择"松果棕"滤镜

STEP 03 ❶切换至"调节"选项卡；❷选择"亮度"选项；❸拖曳滑块，设置其参数为-7，稍微降低画面的整体亮度，如图8-4所示。

STEP 04 ❶选择"饱和度"选项；❷设置其参数为10，调高画面色彩的饱和度，如图8-5所示。

图8-4　设置"亮度"参数

图8-5　设置"饱和度"参数

STEP 05 ❶选择"色温"选项；❷设置其参数为-30，使画面偏冷色调，如图8-6所示。

STEP 06 ❶选择"色调"选项；❷设置其参数为-30，让绿色更加突出，调出墨绿色调，如图8-7所示。

图8-6　设置"色温"参数

图8-7　设置"色调"参数

8.1.2 对人像进行调色

【**效果展示**】：用户运用"白皙"滤镜和"调节"功能，可以为视频中的人物调出小清新的效果。调色前后效果对比，如图8-8所示。

图8-8　调色前后效果对比

下面介绍在剪映App中对人像进行调色的操作方法。

STEP 01 导入一段视频素材，❶选择视频；❷点击"滤镜"按钮，如图8-9所示。

STEP 02 进入"滤镜"选项卡，在"人像"选项区中选择"白皙"滤镜，如图8-10所示。

图8-9　点击"滤镜"按钮　　　　　　图8-10　选择"白皙"滤镜

STEP 03 ❶切换至"调节"选项卡；❷选择"亮度"选项；❸设置其参数为-7，降低曝光，如图8-11所示。

STEP 04 ❶选择"对比度"选项；❷设置其参数为-10，降低画面的明暗对比度，如图8-12所示。

图8-11　设置"亮度"参数　　　　　图8-12　设置"对比度"参数

STEP 05 ❶选择"饱和度"选项；❷设置其参数为10，使画面中的颜色更加靓丽，如图8-13所示。

STEP 06 ❶选择"锐化"选项；❷设置其参数为40，使人物更加清晰分明，如图8-14所示。

图8-13　设置"饱和度"参数　　　　图8-14　设置"锐化"参数

STEP 07 ❶选择"色温"选项；❷设置其参数为-30，使画面中的颜色偏蓝，变得更加清新，如图8-15所示。

STEP 08 选择HSL选项，即可进入HSL面板，❶选择橙色选项◯；❷设置"饱和度"参数为-30，使人物肤色更加白皙，如图8-16所示。

图8-15 设置"色温"参数

图8-16 设置"饱和度"参数

案例效果　　教学视频

8.1.3 对夕阳进行调色

【效果展示】：粉紫色调非常适合用在夕阳视频中，能让天空看起来特别梦幻，调色要点也是突出粉色和紫色。调色前后效果对比，如图8-17所示。

图8-17 调色前后效果对比

下面介绍在剪映App中对夕阳进行调色的操作方法。

STEP 01 导入一段视频素材，❶选择视频；❷点击"滤镜"按钮，如图8-18所示。

STEP 02 进入"滤镜"选项卡，在"风景"选项区中选择"暮色"滤镜，如图8-19所示。

STEP 03 ❶切换至"调节"选项卡；❷选择"对比度"选项；❸设置其参数为-7，降低画面的明暗对比度，如图8-20所示。

STEP 04 ❶选择"饱和度"选项；❷设置其参数为10，使画面中的色彩更加浓郁，如图8-21所示。

图8-18　点击"滤镜"按钮

图8-19　选择"暮色"滤镜

图8-20　设置"对比度"参数

图8-21　设置"饱和度"参数

STEP 05 ❶选择"光感"选项；❷设置其参数为10，提高画面的光线亮度，如图8-22所示。

STEP 06 ❶选择"色温"选项；❷设置其参数-20，使画面呈现偏冷色调，如图8-23所示。

STEP 07 ❶选择"色调"选项；❷设置其参数为20，增加画面中粉紫色的浓度，如图8-24所示。

图8-22 设置"光感"参数

图8-23 设置"色温"参数

图8-24 设置"色调"参数

8.2 为视频添加转场和特效

为视频素材添加转场和特效可以增加画面的美观度和新奇感，让视频吸引到更多人的关注。本节主要介绍为视频添加"水墨"转场、边框特效和"模糊"特效的操作方法。

8.2.1 为视频添加水墨转场

案例效果

教学视频

【效果展示】：在剪映App中，用户可以在多段素材之间添加"水墨"转场，以制作出唯美的国风视频，效果如图8-25所示。

下面介绍在剪映App中为视频添加"水墨"转场的操作方法。

STEP 01 导入3个视频素材，点击第1个和第2个视频中间的 ┃ 按钮，如图8-26所示。

STEP 02 执行操作后，进入"转场"面板，❶在"叠化"选项卡中选择"水墨"转场；❷拖曳滑块，设置转场时长为2.0s；❸点击"全局应用"

图8-25 效果展示

按钮，如图8-27所示，即可将"水墨"转场效果添加到所有素材之间，最后为视频添加合适的背景音乐即可。

图8-26　点击相应按钮

图8-27　点击"全局应用"按钮

案例效果

教学视频

8.2.2 为视频添加边框特效

【效果展示】：剪映App中有多种样式的边框特效，用户可以轻松地为素材添加合适的边框特效，让视频效果更加美观，如图8-28所示。

图8-28　视频效果展示

下面介绍在剪映App中为视频添加边框特效的操作方法。

STEP 01　在剪映App中导入一个视频素材，在工具栏中点击"特效"按钮，如图8-29所示。

STEP 02　进入特效工具栏，点击"画面特效"按钮，如图8-30所示。

STEP 03　进入特效素材库，❶切换至"边框"选项卡；❷选择"录制边框Ⅱ"特效，如图8-31所示，即可为视频添加一个边框特效。

STEP 04　点击✔️按钮确认添加特效，拖曳特效右侧的白色拉杆，调整特效时长，使其与视频时长一致，如图8-32所示。

图8-29　点击"特效"按钮

图8-30　点击"画面特效"按钮

图8-31　选择"录制边框Ⅱ"特效

图8-32　调整特效时长

8.2.3　为视频添加模糊特效

案例效果

教学视频

【效果展示】：当用户需要用于剪辑的视频中有水印时，可以通过剪映App的"模糊"特效和"矩形"蒙版遮挡视频中的水印，原图与效果对比，如图8-33所示。

图8-33　原图与效果对比展示

下面介绍在剪映App中为视频添加"模糊"特效的操作方法。

STEP 01 在剪映App中导入素材，依次点击"特效"按钮和"画面特效"按钮，如图8-34所示。

STEP 02 进入特效素材库，在"基础"选项卡中选择"模糊"特效，如图8-35所示。

STEP 03 点击✓按钮，确认添加"模糊"特效，❶调整特效的时长，使其与视频时长保持一致；❷在工具栏中点击"调整参数"按钮，如图8-36所示。

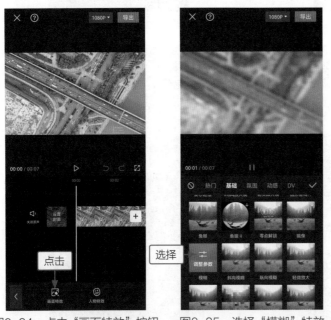

图8-34　点击"画面特效"按钮　　图8-35　选择"模糊"特效　　图8-36　点击"调整参数"按钮

STEP 04 弹出"调整参数"面板，拖曳滑块，设置"模糊度"参数为100，让画面更加模糊，如图8-37所示。

STEP 05 点击"导出"按钮，将模糊视频导出，导出完成后，返回剪辑界面，❶选择"模糊"特效；❷在工具栏中点击"删除"按钮，如图8-38所示，将特效删除。

STEP 06 返回主界面，将时间轴拖曳至起始位置，依次点击"画中画"按钮和"新增画中画"按钮，❶将模糊视频导入画中画轨道；❷在预览区域调整模糊视频的大小，如图8-39所示。

图8-37 设置"模糊度"参数　　图8-38 点击"删除"按钮　　图8-39 调整模糊视频的画面大小

STEP 07 ❶选择模糊视频；❷在工具栏中点击"蒙版"按钮，如图8-40所示。

STEP 08 此时弹出"蒙版"面板，❶选择"矩形"蒙版；❷在预览区域调整蒙版的大小和位置，使水印被模糊视频挡住，如图8-41所示。

图8-40 点击"蒙版"按钮　　　　　图8-41 调整蒙版的大小和位置

8.3 制作合成视频

　　除了基础的"剪辑""音频"和"文字"等功能之外，剪映App还有许多特色功能，如"关键帧""蒙版""色度抠图"等功能，灵活运用这些功能可以制作出精彩的视频效果。

案例效果　　教学视频

8.3.1 制作照片变视频效果

【效果展示】：在剪映App中运用"关键帧"功能可以将横版的全景照片变为动态的竖版视频，方法非常简单，效果如图8-42所示。

下面介绍在剪映App中制作照片变视频的操作方法。

STEP 01　在剪映App中导入全景照片，并将照片素材的时长设置为21.0s，在工具栏中点击"比例"按钮，如图8-43所示。

STEP 02　在比例工具栏中选择9：16选项，如图8-44所示。

STEP 03　❶选择素材；❷调整照片的画面大小和位置，使图片的最左边位置为视频的起始位置；❸在起始位置点击◇按钮，如图8-45所示，添加一个关键帧。

图8-42　效果展示

图8-43　点击"比例"按钮

图8-44　选择9：16选项

图8-45　点击相应按钮

STEP 04　❶将时间轴拖曳至视频末尾位置；❷调整照片的位置，使图片的最右边位置为视频的末尾位置，如图8-46所示。

STEP 05　返回主界面，将时间轴拖曳至视频的起始位置，依次点击"文字"按钮和"文字模板"按钮，❶在"片头标题"选项区中选择合适的文字模板；❷修改文字内容，如图8-47

所示。

STEP 06 ❶在预览区域调整文字模板的大小和位置；❷调整文字模板的持续时长，如图8-48所示。最后为视频添加合适的背景音乐即可。

图8-46　调整照片的位置　　　图8-47　修改文字内容　　　图8-48　调整文字时长

8.3.2 制作分身拍照视频

【效果展示】：在剪映App中运用"线性"蒙版可以制作分身视频，将同一场景中的两个人物视频合成在一个视频画面中，制作出自己给自己拍照的分身视频，效果如图8-49所示。

图8-49　效果展示

下面介绍在剪映App中制作人物分身视频的操作方法。

STEP 01 在剪映App中导入两个人像视频，❶选择第1个视频；❷点击"切画中画"按钮，如图8-50所示，将视频切换至画中画轨道中。

STEP 02 ❶选择画中画轨道中的视频；❷点击"蒙版"按钮，如图8-51所示。

STEP 03 在"蒙版"面板中选择"线性"蒙版，如图8-52所示。

STEP 04 在预览区域将蒙版旋转-90°，如图8-53所示，即可制作分身拍照视频。

图8-50 点击"切画中画"按钮

图8-51 点击"蒙版"按钮

图8-52 选择"线性"蒙版

图8-53 旋转蒙版

8.3.3 制作手机转场视频

案例效果

教学视频

【**效果展示**】：剪映App的"色度抠图"功能非常适合用于为视频套用各种绿幕素材，以丰富视频内容，效果如图8-54所示。

图8-54 效果展示

下面介绍在剪映App中制作手机转场视频的操作方法。

STEP 01 在剪映App中导入绿幕素材和视频素材，❶选择绿幕素材；❷在工具栏中点击"切画中画"按钮，如图8-55所示。

STEP 02 执行操作后，即可将绿幕素材切换至画中画轨道，在工具栏中点击"色度抠图"按钮，如图8-56所示。

STEP 03 进入"色度抠图"面板，在预览区域拖曳取色器，取样画面中的绿色，❶选择"强度"选项；❷拖曳滑块，设置其参数为100，如图8-57所示。

STEP 04 使用与上述同样的方法，设置"阴影"参数为100，如图8-58所示。

图8-55 点击"切画中画"按钮

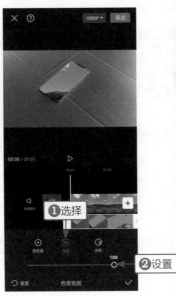

图8-56 点击"色度抠图"按钮　　图8-57 设置"强度"参数　　图8-58 设置"阴影"参数

案例效果　　教学视频

8.3.4 制作人物穿越文字效果

【效果展示】：人物穿越文字效果主要运用剪映App中的"智能抠像"功能制作而成，让人物从文字中间穿越过去，走到文字的前面，效果如图8-59所示。

图8-59　效果展示

下面介绍在剪映App中制作穿越文字的操作方法。

STEP 01 在剪映App"剪辑"界面中点击"开始创作"按钮，进入"照片视频"界面，❶切换至"素材库"界面；❷选择黑场素材；❸点击"添加"按钮，如图8-60所示。

STEP 02 执行操作后，即可将黑场素材添加到视频轨道中，将其时长调整为6.1s，如图8-61所示。

图8-60　点击"添加"按钮

图8-61　调整素材时长

STEP 03 返回主界面，将时间轴拖曳至起始位置，依次点击"文字"按钮和"文字模板"按钮，❶在"片头标题"选项区选择合适的文字模板；❷修改文字内容，如图8-62所示。

STEP 04 ❶调整文字模板的持续时长；❷点击"导出"按钮，如图8-63所示，将文字视频导出备用。

图8-62 修改文字内容

图8-63 点击"导出"按钮

STEP 05 新建一个草稿文件，将文字视频和人物素材导入视频轨道，❶选择文字视频；❷在工具栏中点击"切画中画"按钮，如图8-64所示。

STEP 06 切换至画中画轨道，在工具栏中点击"混合模式"按钮，如图8-65所示。

图8-64 点击"切画中画"按钮

图8-65 点击"混合模式"按钮

STEP 07 弹出"混合模式"面板，❶选择"滤色"选项，即可去除文字视频中的黑色；❷在预览区域调整文字的位置和大小，如图8-66所示。

STEP 08 ❶选择人像素材；❷在工具栏中点击"复制"按钮，如图8-67所示。

图8-66 调整文字的位置和大小　　　图8-67 点击"复制"按钮

STEP 09 执行操作后，即可复制一段人像素材，❶选择第1段人物素材；❷在工具栏中点击"切画中画"按钮，如图8-68所示。

STEP 10 执行操作后，即可将第1段人物素材切换至画中画轨道，在工具栏中点击"抠像"按钮，如图8-69所示。

图8-68 点击"切画中画"按钮　　　图8-69 点击"抠像"按钮

STEP 11 进入抠像工具栏，点击"智能抠像"按钮，如图8-70所示。稍等片刻后，即可抠出人像。

STEP 12 按住第2条画中画轨道中的人像素材左侧的白色拉杆并向右拖曳，将素材的时长调整为3.0s，如图8-71所示，即可完成人物穿越文字效果的制作。

图8-70 点击"智能抠像"按钮

图8-71 调整人像素材时长

8.3.5 套用剪同款模板制作视频

案例效果　　教学视频

【效果展示】：剪映App的"剪同款"功能可以帮助用户快速搜索到心仪的视频模板，并一键制作同款视频，效果如图8-72所示。

下面介绍在剪映App中套用剪同款模板制作视频的操作方法。

STEP 01 在剪映App"剪辑"界面的底部点击"剪同款"按钮，如图8-73所示。

STEP 02 进入"剪同款"界面，❶在搜索框中输入"立体相框"；❷点击输入法面板中的"搜索"按钮，如图8-74所示。

图8-72 效果展示

图8-73　点击"剪同款"按钮

图8-74　点击"搜索"按钮

STEP 03 在搜索出的模板中选择合适的模板，如图8-75所示。

STEP 04 执行操作后，即可进入模板预览界面查看模板效果，点击"剪同款"按钮，如图8-76所示。

图8-75　选择一款模板

图8-76　点击"剪同款"按钮

STEP 05 进入"照片视频"界面，❶在"照片"选项卡中选择两张照片素材；❷点击"下一步"按钮，如图8-77所示。

STEP 06 稍等片刻后，进入预览界面，❶即可查看视频效果；❷点击"导出"按钮，如图8-78所示。

STEP `07` 弹出"导出设置"面板，点击"无水印保存并分享"按钮，如图8-79所示，即可导出无水印的效果视频。

图8-77 点击"下一步"按钮 　图8-78 点击"导出"按钮 　图8-79 点击相应按钮

8.3.6 运用一键成片功能制作视频

【效果展示】：在剪映App首页中有"一键成片"的功能，运用该功能可以快速制作出一个成品视频，而且模板风格多样，有多种选择，效果如图8-80所示。

图8-80 效果展示

下面介绍在剪映App中使用"一键成片"功能制作视频的操作方法。

STEP 01 在剪映App的"剪辑"界面中点击"一键成片"按钮，如图8-81所示。

STEP 02 进入"照片视频"界面，❶选择3个视频素材；❷点击"下一步"按钮，如图8-82所示。

图8-81 点击"一键成片"按钮

图8-82 点击"下一步"按钮

STEP 03 弹出"智能识别中"提示框，并显示合成进度，如图8-83所示。

STEP 04 稍等片刻后，即可进入"选择模板"界面，自动播放推荐的第1个模板效果，如图8-84所示。

图8-83 显示识别进度

图8-84 自动播放模板

STEP 05 如果用户想使用其他模板，可以在下方选择想要的模板，如图8-85所示。合成结束后即可播放选择的模板效果。

STEP 06 如果用户想修改视频效果，可以点击模板缩略图上的"点击编辑"按钮，前往编辑，如果不需要修改，❶点击"导出"按钮；❷弹出"导出设置"面板，点击"无水印保存并分享"按钮即可，如图8-86所示。

图8-85 选择相应模板

图8-86 点击"无水印保存并分享"按钮

Pr 篇

CHAPTER

第9章

　　Adobe Premiere Pro 2022是一款适应性很强的视频编辑软件，可以对视频、照片和音频等多种素材进行处理和加工，得到令人满意的视频作品。本章将介绍该软件的基本功能和编辑调整素材文件等内容，逐渐提升用户对Premiere的操作熟练度。

进行画面处理

新手重点索引

掌握基本操作

对素材进行处理

效果图片欣赏

9.1 掌握基本操作

本节主要介绍Adobe Premiere Pro 2022的基本功能，包括认识软件的功能界面、创建项目文件、打开项目文件、导入和导出文件等操作方法。

9.1.1 认识软件界面

在启动Adobe Premiere Pro 2022后，便可以看到其简洁的工作界面。界面中主要包括标题栏、菜单栏、工作区、"源监视器"面板、"节目监视器"面板、"项目"面板、"工具箱"面板和"时间轴"面板等，如图9-1所示。

图9-1 默认显示模式

标题栏位于该软件窗口的最上方，显示了系统当前正在运行的程序名称、保存位置和项目名称等信息。该软件默认的文件名称为"未命名"，单击标题栏右侧的按钮组 − □ ×，可以最小化、最大化或关闭应用Premiere程序窗口。

菜单栏位于标题栏的下方，这里一共有9个命令，分别为文件、编辑、剪辑、序列、标记、图形、视图、窗口和帮助，用户根据需要选择不同的命令即可。

在工作区中显示的是各个工作区的名称，单击对应的名称可以快速切换界面布局。在工作区中单击"主页"按钮🏠，即可快速切换至主页界面；单击"快速导出"按钮📤，即可在弹出的面板中设置视频的文件名和位置，以及视频的输出品质等，待设置完成后，单击"导出"按钮即可将视频渲染导出。

"工具箱"面板中提供了"选择工具"▶、"向前选择轨道工具"🔳、"波纹编辑工具"⬅➡、"剃刀工具"🔪、"外滑工具"↔、"钢笔工具"✏、"手形工具"✋、"文字工具"Ｔ8种工具，能够满足用户的编辑需求。

启动Premiere软件并任意打开一个项目文件后，"项目"面板会显示当前项目包含的所有素材；而此时默认的"监视器"面板分为"源监视器"和"节目监视器"两部分。

界面中面板的显示模式有两种，分别是系统默认显示模式和浮动窗口模式。图9-2为"节目监视器"面板默认显示模式和浮动窗口模式，默认显示模式是嵌入式的，看上去与其他面板镶嵌在一起；浮动窗口模式则是悬浮在各个面板的上方，用户通过拖曳的方式，可以随意移动面板的位置。

"节目监视器"面板默认显示模式　　　　　　"节目监视器"面板浮动窗口模式

图9-2　面板的两种显示模式

9.1.2 创建项目文件

教学视频

在启动Premiere后，用户首先需要做的就是创建一个新的工作项目。为此，该软件提供了多种创建项目的方法。

当用户启动Premiere后，系统将自动弹出"主页"对话框，如图9-3所示。此时单击"新建项目"按钮，即可创建一个新的项目。

用户除了通过"开始"对话框新建项目外，也可以进入Premiere主界面中，通过"文件"菜单进行创建。下面介绍通过"文件"菜单创建新项目的具体操作方法。

STEP 01　选择"文件"|"新建"|"项目"命令，如图9-4所示。

STEP 02　弹出"新建项目"对话框，单击"浏览"按钮，如图9-5所示。

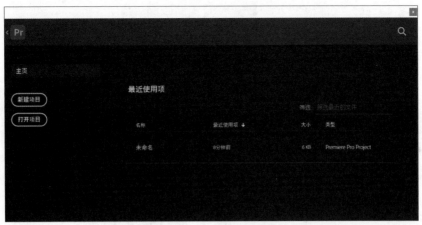

图9-3 "主页"对话框

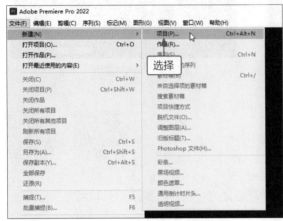

图9-4 选择"项目"命令

图9-5 单击"浏览"按钮

STEP 03 弹出"请选择新项目的目标路径。"对话框，❶选择合适的文件夹；❷单击"选择文件夹"按钮，如图9-6所示。

STEP 04 返回"新建项目"对话框，❶设置相应的项目名称；❷单击"确定"按钮，如图9-7所示。

图9-6 单击"选择文件夹"按钮

图9-7 单击"确定"按钮

STEP 05 选择"文件"|"新建"|"序列"命令，如图9-8所示。

STEP 06 弹出"新建序列"对话框，单击"确定"按钮，如图9-9所示，即可使用"文件"菜单创建项目文件。

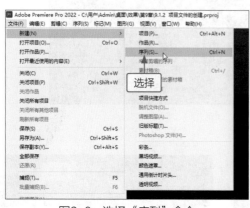

图9-8 选择"序列"命令

图9-9 单击"确定"按钮

案例效果　教学视频

9.1.3 打开项目文件

【效果展示】：当用户启动Premiere后，可以通过"文件"菜单打开项目文件的方式进入系统程序，效果如图9-10所示。

图9-10 效果展示

下面介绍在Premiere中打开项目文件的具体操作方法。

STEP 01 选择"文件"|"打开项目"命令，如图9-11所示。

STEP 02 弹出"打开项目"对话框，❶选择相应的项目文件；❷单击"打开"按钮，如图9-12所示，即可打开项目文件。

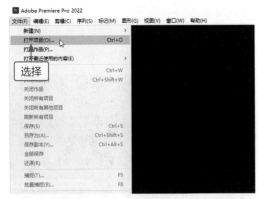

图9-11 选择"打开项目"命令

图9-12 单击"打开"按钮

STEP 03 在预览窗口中，可以查看打开的项目文件，如图9-13所示。

图9-13 查看打开的项目文件

在"主页"对话框中，除了可以创建项目文件外，用户还可以单击"打开项目"按钮，打开项目文件。

案例效果　　教学视频

9.1.4 保存项目文件

【效果展示】：为了确保用户所编辑的项目文件不会丢失，当编辑完当前项目文件后，可以将项目文件进行保存，以便下次进行修改操作，效果如图9-14所示。

图9-14 效果展示

下面介绍在Premiere中保存项目文件的具体操作方法。

STEP 01 打开一个项目文件，如图9-15所示。

STEP 02 在"时间轴"面板中调整素材的持续时间为00:00:06:00，如图9-16所示。

图9-15　打开项目文件

图9-16　调整素材的持续时间

STEP 03 选择"文件"|"保存"命令，如图9-17所示。

STEP 04 弹出"保存项目"对话框并显示进度，如图9-18所示。稍等片刻，即可完成项目保存。

图9-17　选择"保存"命令

图9-18　显示保存进度

9.1.5 导入和导出文件

案例效果　教学视频

【效果展示】：导入素材是Premiere编辑的首要前提，通常所指的素材包括视频文件、音频文件、图像文件等。将音频和视频(或图像照片)添加到"时间轴"面板中并合成为一个项目文件后，可以导出为一个视频文件，效果如图9-19所示。

下面介绍在Premiere中导入和导出文件的具体操作方法。

STEP 01 新建一个项目文件，选择"文件"|"导入"命令，如图9-20所示。

STEP 02 弹出"导入"对话框，❶选择相应的视频素材和背景音乐；❷单击"打开"按钮，如图9-21所示。

图9-19 效果展示

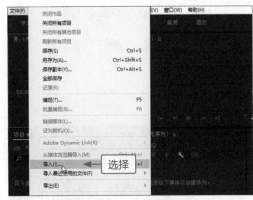

图9-20 选择"导入"命令

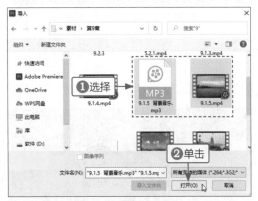

图9-21 单击"打开"按钮

STEP 03 执行操作后，即可在"项目"面板中查看导入的素材文件缩略图，如图9-22所示。

STEP 04 通过拖曳的方式，将它们分别拖曳至"时间轴"面板中，如图9-23所示。

图9-22 查看导入的素材文件

图9-23 拖曳素材

STEP 05 ❶在工作区中单击"快速导出"按钮📤；❷在弹出的面板中单击"文件名和位置"下方的蓝色超链接，如图9-24所示。

STEP 06 弹出"另存为"对话框，❶在其中设置文件名和保存位置；❷单击"保存"按钮，如图9-25所示。

图9-24 单击蓝色超链接

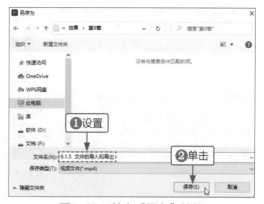

图9-25 单击"保存"按钮

STEP 07 返回"快速导出"面板，❶单击"预设"下方的下拉按钮；❷在弹出的下拉列表中选择"高品质 1080p HD"选项，如图9-26所示。

STEP 08 单击"导出"按钮，如图9-27所示，即可将视频导出。

图9-26 选择"高品质 1080p HD"选项

图9-27 单击"导出"按钮

9.2 对素材进行处理

对素材进行处理是整个视频编辑过程中的一个重要环节，同样也是Premiere功能的体现。本节将详细介绍剪辑和调整素材文件的操作方法。

9.2.1 复制和粘贴素材

案例效果　　教学视频

【效果展示】：复制也称拷贝，是指用户将文件从一处复制一份完全一样的到另一处，而原来的这份依然保留。粘贴素材可以为用户节约许多不必要的重复操作，让用户的工作效率得以提高。在Premiere中，用户可以通过菜单命令复制和粘贴素材文件，也可以通过快捷键复制和粘贴素材文件，效果如图9-28所示。

图9-28　效果展示

下面介绍在Premiere中复制和粘贴素材的具体操作方法。

STEP 01 打开一个项目文件，❶单击V1轨道面板中的"切换轨道锁定"按钮▦，将V1轨道锁定；❷在V2轨道上选择图像素材，如图9-29所示。

STEP 02 将时间指示器拖曳至00:00:03:05的位置，在菜单栏中选择"编辑"｜"复制"命令，如图9-30所示。

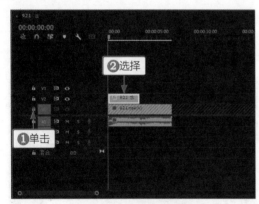

图9-29　选择图像素材　　　　　　　　　　图9-30　选择"复制"命令

STEP 03 执行操作后，即可复制文件，按【Ctrl+V】组合键，即可将复制的素材粘贴至V2轨道中，使水印的显示时长增加，如图9-31所示。

STEP 04 将时间指示器拖曳至视频的开始位置，单击"播放停止切换"按钮▶，即可预览效果，如图9-32所示。

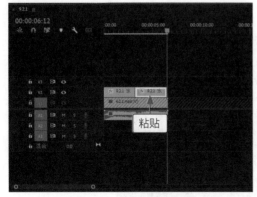

图9-31　粘贴图像素材　　　　　　　　　　图9-32　预览效果

9.2.2 分割和删除素材

【效果展示】：在Premiere中，用户可以对素材文件进行分割处理，将其分成两段或几段独立的素材片段，并将不需要的片段删除，效果如图9-33所示。

图9-33　效果展示

下面介绍在Premiere中分割和删除素材的具体操作方法。

STEP 01 打开一个项目文件，在"工具箱"面板中，选取"剃刀工具" ，如图9-34所示。

STEP 02 在"时间轴"面板的素材上单击，即可分割素材，如图9-35所示。

 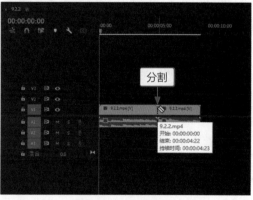

图9-34　选取"剃刀工具"　　　　　　　　　图9-35　分割素材

STEP 03 ❶在"工具箱"面板中选取"选择工具" ；❷在"时间轴"面板中选择分割出的后半段素材，如图9-36所示，按【Delete】键，即可将其删除。

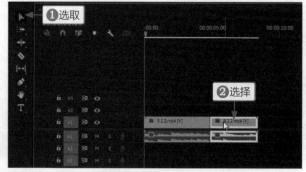

图9-36　选择分割出的后半段素材

案例效果　教学视频

9.2.3 移动素材选区

【效果展示】："外滑工具" 用于移动"时间轴"面板中素材显示的选区，该工具会影响相邻素材片段的出入点和长度。使用"外滑工具" 时，可以同时更改"时间轴"内某剪辑的入点和出点，并保留入点和出点之间的时间间隔不变，效果如图9-37所示。

图9-37　效果展示

下面介绍在Premiere中移动素材选区的具体操作方法。

STEP 01 打开一个项目文件，在"工具箱"面板中，选取"外滑工具" ，如图9-38所示。

STEP 02 在V1轨道的第2段素材上按住鼠标左键并向右拖曳，在"节目监视器"面板中即可显示更改素材入点和出点的效果，如图9-39所示。

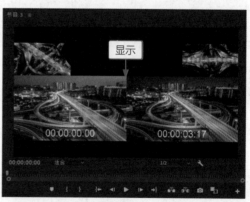

图9-38　选取"外滑工具"　　　　图9-39　显示更改素材入点和出点的效果

案例效果　教学视频

9.2.4 分离与组合音频

【效果展示】：在Premiere中，用户可以轻松地将背景音频从视频中分离出来，并添加新的音频，将其与视频组合，效果如图9-40所示。

图9-40　视频效果展示

下面介绍在Premiere中分离和组合音频的具体操作方法。

STEP 01 打开一个项目文件，如图9-41所示。

STEP 02 选择V1轨道上的视频素材并右击，在弹出的快捷菜单中选择"取消链接"命令，如图9-42所示。

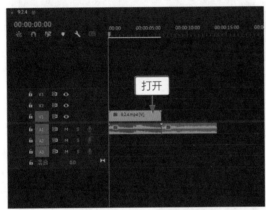
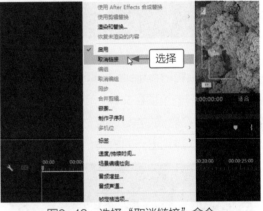

图9-41　打开一个项目文件　　　　　　　　图9-42　选择"取消链接"命令

STEP 03 执行操作后，即可将视频与音频分离，选择A1轨道上的第1段音频素材，如图9-43所示，按【Delete】键，即可将其删除。

STEP 04 在A1轨道上按住音频素材并向左拖曳，调整音频素材的位置，使其起始位置与视频的起始位置对齐，如图9-44所示。

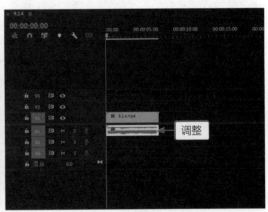

图9-43　选择第1段音频素材　　　　　　　　图9-44　调整音频素材的位置

STEP 05 同时选择视频素材和音频素材，在任意素材上右击，在弹出的快捷菜单中选择"链接"命令，如图9-45所示，即可将视频与音频进行组合。

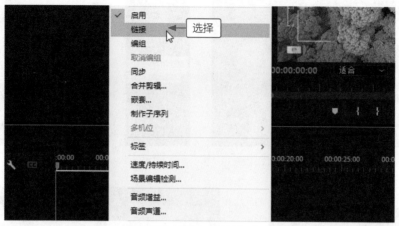

图9-45 选择"链接"命令

9.2.5 调整素材的播放速度

案例效果

教学视频

【效果展示】：每一个素材都具有特定的播放速度，用户可以通过调整视频素材的播放速度来制作快镜头或慢镜头效果。在Premiere中，可以通过"速度/持续时间"功能调整播放速度，效果如图9-46所示。

图9-46 效果展示

下面介绍在Premiere中调整素材播放速度的具体操作方法。

STEP 01 打开一个项目文件，如图9-47所示。

STEP 02 ❶在V1轨道的视频素材上右击；❷在弹出的快捷菜单中选择"速度/持续时间"命令，如图9-48所示。

STEP 03 弹出"剪辑速度/持续时间"对话框，设置"速度"参数为120%，如图9-49所示。

STEP 04 执行操作后，即可将视频的播放速度调快，单击"确定"按钮，即可在"节目监视器"面板中查看调整播放速度后的效果，如图9-50所示。

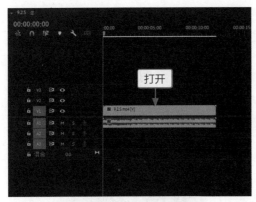

图9-47　打开一个项目文件

图9-48　选择"速度/持续时间"命令

图9-49　设置"速度"参数

图9-50　查看调整播放速度后的效果

在Adobe Premiere Pro 2022中，用户可以为视频添加视频过渡和视频效果，制作出精彩、炫酷的转场和特效，从而使视频画面更加丰富多彩。本章将讲解Premiere中提供的多种视频过渡和视频效果的添加与制作方法。

CHAPTER

第10章

添加转场和视频效果

新手重点索引

添加和编辑转场效果

添加视频效果

效果图片欣赏

10.1 添加和编辑转场效果

影片是由镜头与镜头之间的链接组建起来的，因此许多镜头与镜头之间的切换过程难免会显得不太自然。此时，用户可以在两个镜头之间添加视频过渡效果，使镜头与镜头之间的转场更为平滑。

Premiere为用户提供了多种多样的转场效果，根据不同的类型，系统将其分别归类在不同的文件夹中。本节将介绍不同文件夹中各个转场效果的应用方法。

案例效果　　　　教学视频

10.1.1 为视频添加转场

【效果展示】：在Premiere中，转场效果被放置在"效果"面板的"视频过渡"文件夹中，用户只需将转场效果拖入视频轨道中即可，效果如图10-1所示。

图10-1　添加转场效果展示

下面介绍在Premiere中为视频添加转场的具体操作方法。

STEP 01　打开一个项目文件，如图10-2所示。

STEP 02　在"效果"面板中，展开"视频过渡"选项，如图10-3所示。

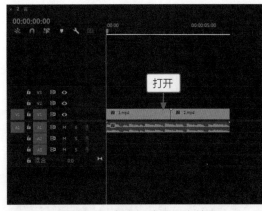 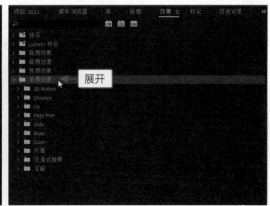

图10-2　打开一个项目文件　　　　图10-3　展开"视频过渡"选项

当用户想进入"效果"面板时，首先要在工作区中单击"编辑"按钮，进入"编辑"界面，然后在"项目"面板中单击"效果"按钮即可。

STEP 03 执行操作后，❶在其中展开Iris(划像)选项；❷在下方选择Iris Round(圆划像)效果，如图10-4所示。

STEP 04 按住鼠标左键将其拖曳至V1轨道的两个素材之间，如图10-5所示，即可添加转场效果。单击"节目监视器"面板中的"播放-停止切换"按钮▶，可以预览添加转场效果后的视频。

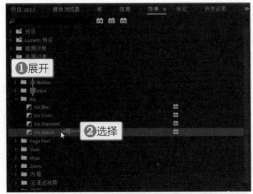

图10-4 选择Iris Round效果

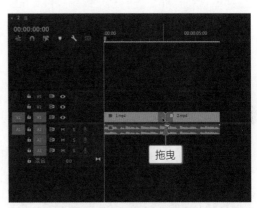

图10-5 拖曳转场效果

10.1.2 为转场设置反向效果

【效果展示】：在Premiere中，用户可以根据需要对添加的转场效果设置作用方向，效果如图10-6所示。

图10-6 效果展示

下面介绍在Premiere中为转场设置反向效果的具体操作方法。

STEP 01 打开一个项目文件，并预览项目效果，如图10-7所示。

图10-7　预览项目效果

STEP 02 在"时间轴"面板中，选择转场效果，如图10-8所示。

STEP 03 执行操作后，展开"效果控件"面板，如图10-9所示。

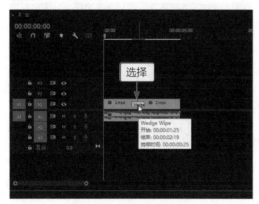

图10-8　选择转场效果

图10-9　展开"效果控件"面板

STEP 04 在"效果控件"面板中，选中"反向"复选框，如图10-10所示，使效果反向播放。

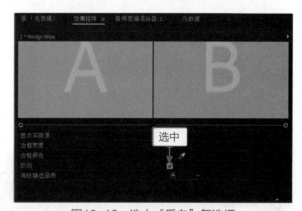

图10-10　选中"反向"复选框

10.1.3 设置转场边框

案例效果　　教学视频

【效果展示】：在Premiere中，用户可以执行对齐转场、设置转场播放时间和反向效果等操作，还可以设置边框宽度和边框颜色，效果如图10-11所示。

图10-11　效果展示

下面介绍在Premiere中设置转场边框的具体操作方法。

STEP 01　打开一个项目文件，并预览项目效果，如图10-12所示。

STEP 02　在"时间轴"面板中，选择转场效果，如图10-13所示。

图10-12　预览项目效果　　　　　　　　　图10-13　选择转场效果

STEP 03　在"效果控件"面板中，单击"边框颜色"右侧的色块，弹出"拾色器"对话框，在其中设置RGB颜色值为(248、252、247)，如图10-14所示。

STEP 04　单击"确定"按钮，在"效果控件"面板中设置"边框宽度"为5，如图10-15所示。执行操作后，在"节目监视器"面板中即可预览设置边框颜色后的转场效果。

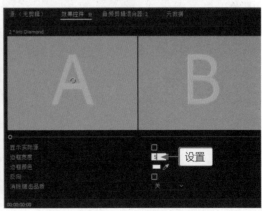

图10-14　设置RGB颜色值　　　　　　　　图10-15　设置"边框宽度"参数

案例效果

教学视频

10.1.4 添加交叉溶解转场

【效果展示】：在Premiere中，"交叉溶解"效果是在第1个视频画面消失时，第2个视频画面逐渐显示的转场效果，如图10-16所示。

图10-16 效果展示

下面介绍在Premiere中添加交叉溶解转场的具体操作方法。

STEP 01 打开一个项目文件，如图10-17所示。

STEP 02 在"节目监视器"面板中可以查看素材画面，如图10-18所示。

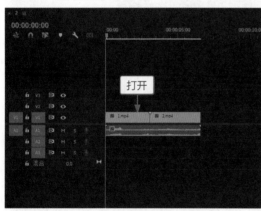

图10-17 打开一个项目文件　　　　图10-18 查看素材画面

STEP 03 在"效果"面板中，❶依次展开"视频过渡"｜"溶解"选项；❷在其中选择"交叉溶解"效果，如图10-19所示。

STEP 04 将"交叉溶解"效果添加到"时间轴"面板的两个素材文件之间，如图10-20所示。

STEP 05 在"时间轴"面板中选择"交叉溶解"效果，❶切换至"效果控件"面板；❷将鼠标指针移至右侧的过渡转场效果上，当指针呈红色拉伸形状时，按住鼠标左键并向右拖曳，即可调整效果的播放时长，如图10-21所示。

STEP 06 执行上述操作后，即可在"节目监视器"面板中查看"交叉溶解"效果，如图10-22所示。

图10-19 选择"交叉溶解"效果

图10-20 添加"交叉溶解"效果

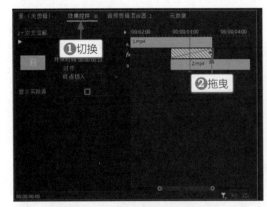
图10-21 拖曳效果调整时长

图10-22 查看"交叉溶解"效果

10.1.5 添加中心拆分转场

案例效果

教学视频

【效果展示】：在Premiere中，中心拆分转场效果是将第1个视频的画面从中心拆分为4个画面，并向4个角落移动，逐渐过渡至第2个视频的转场效果，如图10-23所示。

图10-23 效果展示

下面介绍在Premiere中添加中心拆分转场的具体操作方法。

STEP 01 打开一个项目文件，如图10-24所示。

STEP 02 在"节目监视器"面板中可以查看素材画面，如图10-25所示。

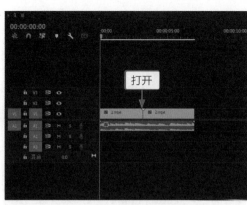
图10-24　打开一个项目文件

图10-25　查看素材画面

STEP 03 在"效果"面板中，❶依次展开"视频过渡"｜Slide(滑动)选项；❷在其中选择Center Split(中心拆分)效果，如图10-26所示。

STEP 04 将Center Split(中心拆分)效果添加到"时间轴"面板的两个素材文件之间，如图10-27所示。

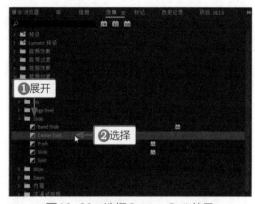
图10-26　选择Center Split效果

图10-27　添加转场效果

STEP 05 在"时间轴"面板中选择Center Split(中心拆分)效果，❶切换至"效果控件"面板；❷设置"边框宽度"为10.0、"边框颜色"为白色(RGB颜色值为248、252、247)，如图10-28所示。

STEP 06 执行上述操作后，即可查看中心拆分转场效果，如图10-29所示。

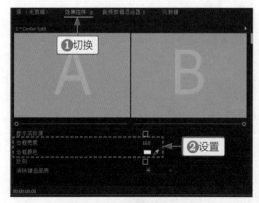
图10-28　设置转场边框

图10-29　查看中心拆分转场效果

10.1.6 添加带状滑动转场

案例效果

教学视频

【效果展示】：带状滑动转场效果能够将第2个视频画面从预览窗口中的左右两边以带状形式向中间滑动拼接显示出来，效果如图10-30所示。

图10-30　带状滑动转场效果展示

下面介绍在Premiere中添加带状滑动转场的具体操作方法。

STEP 01 打开一个项目文件，如图10-31所示。

STEP 02 在"节目监视器"面板中可以查看素材画面，如图10-32所示。

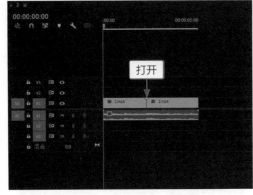

图10-31　打开一个项目文件

图10-32　查看素材画面

STEP 03 在"效果"面板中，❶依次展开"视频过渡" | Slide(滑动)选项；❷在其中选择 Band Slide(带状滑动)效果，如图10-33所示。

STEP 04 将Band Slide(带状滑动)效果添加到"时间轴"面板相应两个素材文件之间，如图10-34所示。

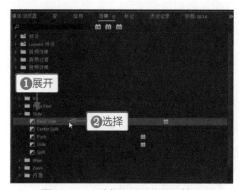

图10-33　选择Band Slide效果

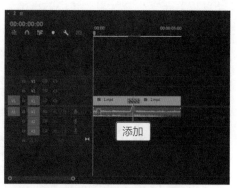

图10-34　添加转场效果

STEP 05 ❶在添加的过渡转场上右击；❷在弹出的快捷菜单中选择"设置过渡持续时间"命令，如图10-35所示。

STEP 06 在弹出的"设置过渡持续时间"对话框中，设置"持续时间"为00:00:03:00，如图10-36所示。

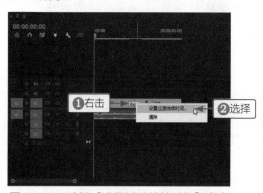

图10-35　选择"设置过渡持续时间"命令

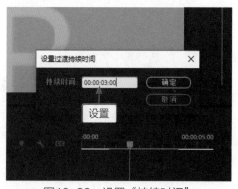

图10-36　设置"持续时间"

STEP 07 单击"确定"按钮，即可在"时间轴"面板中查看转场时长，如图10-37所示。

STEP 08 执行上述操作后，即可查看带状滑动转场效果，如图10-38所示。

图10-37　查看转场时长

图10-38　查看带状滑动转场效果

案例效果　　教学视频

10.1.7 添加视频翻页转场

【效果展示】：在Premiere中，视频翻页转场效果是将第1个视频的画面以翻页的形式从一角卷起，然后将第2个视频画面显示出来，效果如图10-39所示。

图10-39　视频翻页转场效果展示

下面介绍在Premiere中添加视频翻页转场的具体操作方法。

STEP 01 打开一个项目文件，如图10-40所示。

STEP 02 在"节目监视器"面板中可以查看素材画面，如图10-41所示。

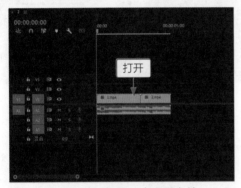 

图10-40　打开一个项目文件　　　　　　　　图10-41　查看素材画面

STEP 03 在"效果"面板中，❶依次展开"视频过渡"｜Page Peel(卷页)选项；❷在其中选择Page Turn(翻页)效果，如图10-42所示。

STEP 04 将Page Turn(翻页)效果添加到"时间轴"面板相应的两个素材文件之间，如图10-43所示，即可添加视频翻页转场效果。

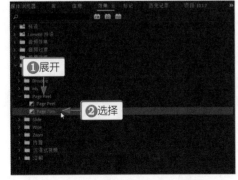 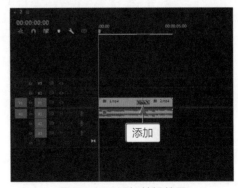

图10-42　选择Page Turn效果　　　　　　　　图10-43　添加转场效果

10.2 添加视频效果

在Adobe Premiere Pro 2022中，根据视频效果的作用，将提供的160种视频效果分为Obsolete、"变换""图像控制""实用程序""扭曲""时间""杂色与颗粒""模糊与锐化""沉浸式视频""生成""视频""调整""过时""过渡""透视""通道""键控""颜色校正"和"风格化"19种类型，并放置在"效果"面板的"视频效果"选项文件夹中，如图10-44所示。

为了方便用户区分素材是否添加了视频效果，已添加视频效果的素材右侧的"不透明度"按钮 都会变成紫色 ，而且在"不透明度"按钮 上右击，即可在弹出的列表框中查看添加的视频效果，如图10-45所示。

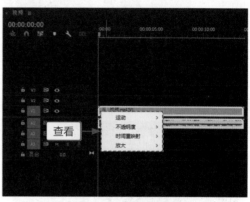

图10-44　"视频效果"文件夹　　　　图10-45　查看添加的视频效果

案例效果　　教学视频

10.2.1 添加水平翻转效果

【效果展示】：在Premiere中，"水平翻转"视频效果可以将视频中的每一帧从左向右翻转。原图与效果对比，如图10-46所示。

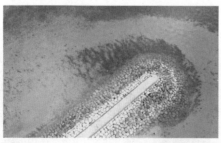

图10-46　原图与效果对比

下面介绍在Premiere中添加"水平翻转"视频效果的具体操作方法。

STEP 01 打开一个项目文件，如图10-47所示。

STEP 02 在"节目监视器"面板中可以查看素材画面，如图10-48所示。

图10-47 打开一个项目文件

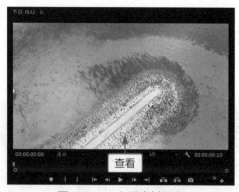

图10-48 查看素材画面

STEP 03 在"效果"面板中，❶依次展开"视频效果"|"变换"选项；❷选择"水平翻转"视频效果，如图10-49所示。

STEP 04 将"水平翻转"视频效果拖曳至"时间轴"面板的素材文件上，释放鼠标左键，即可添加"水平翻转"视频效果，如图10-50所示。

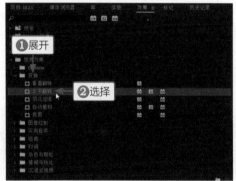

图10-49 选择"水平翻转"视频效果

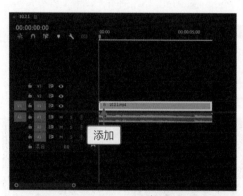

图10-50 添加"水平翻转"效果

10.2.2 添加镜头光晕效果

案例效果

教学视频

【效果展示】：在Premiere中，"镜头光晕"视频效果用于修改明暗分界点的差值，以产生光线折射效果。原图与效果对比，如图10-51所示。

图10-51 原图与效果对比

下面介绍在Premiere中添加"镜头光晕"视频效果的具体操作方法。

STEP 01 打开一个项目文件，如图10-52所示。

STEP 02 在"效果"面板中，❶依次展开"视频效果"|"生成"选项；❷在其中选择"镜头光晕"视频效果，如图10-53所示。

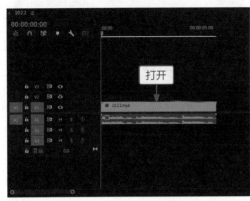

图10-52　打开一个项目文件　　　　　　图10-53　选择"镜头光晕"选项

STEP 03 按住鼠标左键将"镜头光晕"视频效果拖曳至V1轨道中的素材上，释放鼠标左键，即可为视频添加该效果，如图10-54所示。

STEP 04 在"效果控件"面板中，设置"光晕中心"为(0.0、700.0)、"光晕亮度"为130%、"与原始图像混合"为30%，如图10-55所示。

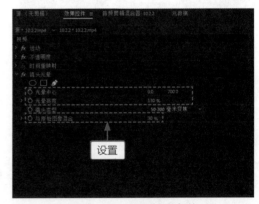

图10-54　添加"镜头光晕"视频效果　　　　图10-55　设置相应参数

STEP 05 执行操作后，即可完成"镜头光晕"视频效果的设置，在"节目监视器"面板中可以查看视频效果，如图10-56所示。

图10-56　查看视频效果

案例效果

教学视频

10.2.3 运用纯色合成效果进行调色

【效果展示】：在Premiere中，"纯色合成"视频效果是将一种颜色与视频混合，从而为视频进行调色处理。调色前后效果对比，如图10-57所示。

图10-57　调色前后效果对比

下面介绍在Premiere中运用"纯色合成"视频效果进行调色的具体操作方法。

STEP 01　打开一个项目文件，如图10-58所示。

STEP 02　在"效果"面板中，依次展开"视频效果"|"过时"选项，在其中选择"纯色合成"视频效果，如图10-59所示。

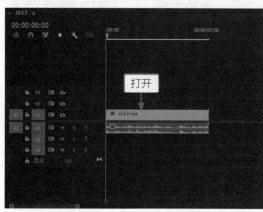
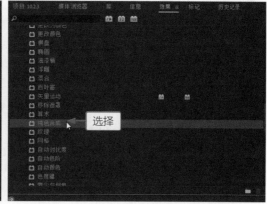

图10-58　打开一个项目文件　　　　　图10-59　选择"纯色合成"视频效果

STEP 03　将"纯色合成"视频效果拖曳至V1轨道的视频上，在"效果控件"面板中，单击"颜色"右侧的色块，如图10-60所示。

STEP 04　弹出"拾色器"对话框，设置RGB颜色值为(232、140、186)，如图10-61所示。

STEP 05　单击"确定"按钮，在"效果控件"面板中，❶设置"不透明度"为50.0%；❷单击"混合模式"右侧的下拉按钮；❸在弹出的下拉列表中选择"强光"选项，如图10-62所示。

STEP 06　执行上述操作后，即可在"节目监视器"面板中预览视频效果，如图10-63所示。

图10-60 单击"颜色"右侧的色块

图10-61 设置RGB颜色值

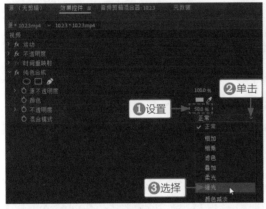

图10-62 选择"强光"选项

图10-63 预览视频效果

10.2.4 添加3D透视效果

案例效果　　教学视频

【效果展示】：在Premiere中，"基本3D"视频效果具有3D立体透视效果，主要用于在视频画面上添加透视效果，如图10-64所示。

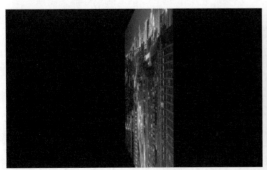
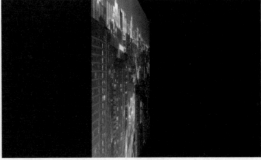

图10-64 效果展示

图10-64 效果展示(续)

下面介绍在Premiere中添加"基本3D"视频效果的具体操作方法。

STEP 01 打开一个项目文件，如图10-65所示。

STEP 02 在"节目监视器"面板中可以查看素材画面，如图10-66所示。

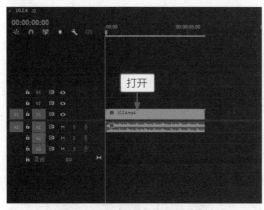

图10-65 打开一个项目文件　　　　　　　　图10-66 查看素材画面

STEP 03 在"效果"面板中，❶依次展开"视频效果"|"透视"选项；❷在其中选择"基本3D"视频效果，如图10-67所示。

STEP 04 按住鼠标左键将"基本3D"视频效果拖曳至V1轨道中的素材上，释放鼠标左键，即可为视频添加该效果，如图10-68所示。

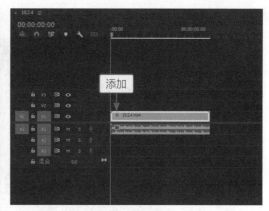

图10-67 选择"基本3D"视频效果　　　　　图10-68 添加"基本3D"视频效果

STEP 05 在"效果控件"面板中，展开"基本3D"选项，如图10-69所示。

STEP 06 ❶设置"旋转"参数为-100.0°；❷单击"旋转"选项左侧的"切换动画"按钮 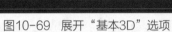；
❸添加一个关键帧，如图10-70所示。

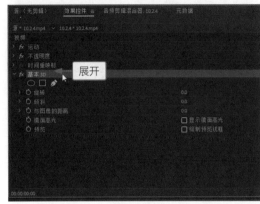

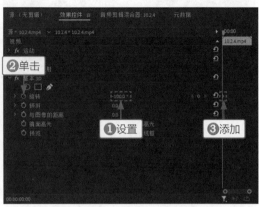

图10-69　展开"基本3D"选项　　　　　　　　　图10-70　添加一个关键帧

STEP 07 将时间指示器拖曳至00:00:05:00的位置，如图10-71所示。

STEP 08 在"效果控件"面板中，❶设置"旋转"参数为0.0°；❷即可自动添加一个关键
帧，如图10-72所示。

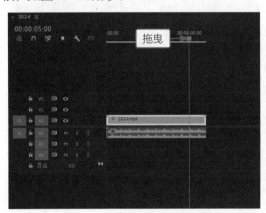

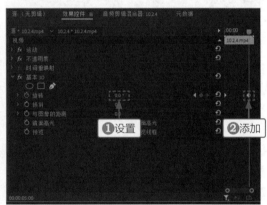

图10-71　拖曳时间指示器　　　　　　　　　　图10-72　自动添加一个关键帧

STEP 09 执行上述操作后，即可在"节目监视器"面板中预览视频效果，如图10-73所示。

图10-73　预览视频效果

在Adobe Premiere Pro 2022中，通过设置相应参数的运动关键帧，可以让画面活动起来，使效果更加逼真、生动。另外，将视频效果与运动关键帧相结合，还可以制作出变化多样的视频。本章主要介绍制作运动关键帧和叠加特效的操作方法。

CHAPTER

第11章

制作运动和叠加特效

新手重点索引

制作运动关键帧特效

制作遮罩叠加特效

效果图片欣赏

11.1 制作运动关键帧特效

在Adobe Premiere Pro 2022中，关键帧可以帮助用户控制视频的运动、大小和位置等变化，使视频更具观赏性。本节主要介绍运动关键帧的设置操作。

11.1.1 添加运动关键帧

案例效果　　教学视频

【效果展示】：在Premiere中，除了可以在"效果控件"面板中为视频添加关键帧外，还可以通过设置选项参数的方法添加运动关键帧，效果如图11-1所示。

图11-1　效果展示

下面介绍在Premiere中添加运动关键帧的具体操作方法。

STEP 01 打开一个项目文件，并预览项目效果，如图11-2所示。

STEP 02 选择"时间轴"面板中的素材，❶展开"效果控件"面板；❷单击"缩放"和"旋转"左侧的"切换动画"按钮 ；❸添加第1组关键帧，如图11-3所示。

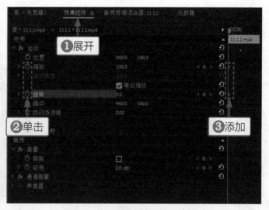

图11-2　预览项目效果　　　　　　　　图11-3　添加第1组关键帧

STEP 03 ❶将时间指示器拖曳至合适位置；❷设置"旋转"参数为1°、"缩放"参数为110.0；❸添加第2组运动关键帧，如图11-4所示。

STEP 04 在"时间轴"面板中，❶单击"时间轴显示设置"按钮 ；❷在弹出的菜单中选择"显示视频关键帧"选项，如图11-5所示。执行上述操作后，即可指定展开轨道后关键帧的可见性。

STEP 05 再次在菜单中选择"显示视频关键帧"选项，如图11-6所示，取消该选项前的对号标记，即可在时间轴中隐藏关键帧。

图11-4 添加第2组运动关键帧

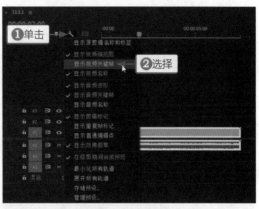

图11-5 选择"显示视频关键帧"选项

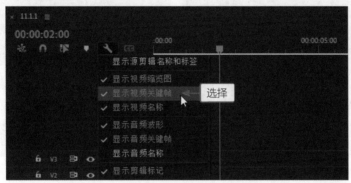

图11-6 再次选择"显示视频关键帧"选项

11.1.2 制作流星飞过特效

案例效果　教学视频

【效果展示】：在Premiere中，为视频制作运动特效的过程中，用户可以通过设置"混合模式"将两段视频素材进行合成，然后通过设置"位置"选项的参数，即可得到一段流星飞过的画面效果，制作出飞行运动特效，如图11-7所示。

图11-7 效果展示

图11-7　效果展示(续)

下面介绍在Premiere中制作流星飞过特效的具体操作方法。

STEP 01 打开项目文件，可以看到"项目"面板中有两个视频，一个是背景为星空的视频，另一个是流星视频素材，如图11-8所示。

STEP 02 在"时间轴"面板中，选择V2轨道上的流星素材文件，如图11-9所示。

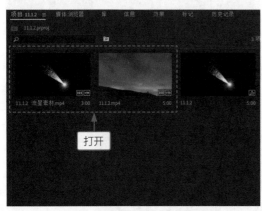
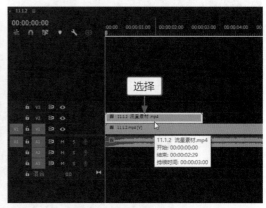

图11-8　打开一个项目文件　　　　　图11-9　选择V2轨道上的流星素材文件

STEP 03 在"效果控件"面板中，❶单击"混合模式"右侧的下拉按钮；❷在弹出的下拉列表中选择"滤色"选项，如图11-10所示。

STEP 04 在"节目监视器"面板中，可以查看画面合成效果，如图11-11所示。

图11-10　选择"滤色"选项　　　　　　图11-11　查看画面合成效果

STEP 05 在"运动"选项区中，❶单击"位置"和"缩放"左侧的"切换动画"按钮；❷设置"位置"坐标为(-60.0、-50.0)、"缩放"参数为25.0；❸添加第1组关键帧，如

图11-12所示。

STEP 06 ❶将时间指示器拖曳至00:00:02:29的位置；❷在"效果控件"面板中设置"位置"
坐标为(1665.0、865.0)、"缩放"参数为8.0；❸添加第2组关键帧，如图11-13所示。

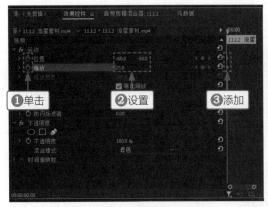

图11-12 添加第1组关键帧

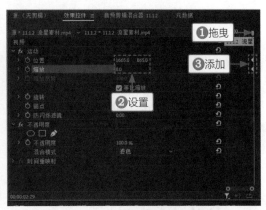

图11-13 添加第2组关键帧

STEP 07 执行上述操作后，即可在
"节目监视器"面板中查看流星飞行
运动轨迹，如图11-14所示。

图11-14 查看流星飞行运动轨迹

案例效果　　教学视频

11.1.3 制作字幕淡入淡出特效

【效果展示】：在Premiere中，通过设置"效果控件"面板中的"不透明度"选项参
数，可以制作字幕的淡入淡出特效，效果如图11-15所示。

图11-15 效果展示

图11-15　效果展示(续)

下面介绍在Premiere中添加带状滑动转场的具体操作方法。

STEP 01 打开一个项目文件，并预览项目效果，如图11-16所示。

图11-16　预览项目效果

STEP 02 在"工具箱"面板中，选取"文字工具" **T**，如图11-17所示。

专家指点

单击"文字工具"右侧的下三角按钮，在弹出的菜单中选择
"垂直文字工具"选项，即可在"节目监视器"面板中创建竖排
字幕。

STEP 03 在"节目监视器"面板中的合适位置单击，在文本框中输入标题字幕，如图11-18
所示。

图11-17　选取"文字工具"　　　　　　　图11-18　输入标题字幕

STEP 04 在"时间线"面板中调整文本的持续时长，使其与视频素材的时长保持一致，如

图11-19所示。

STEP 05 选中文本框中的文字，❶切换至"效果控件"面板；❷展开"源文本"选项面板；❸单击"字体"右侧的下拉按钮，如图11-20所示。

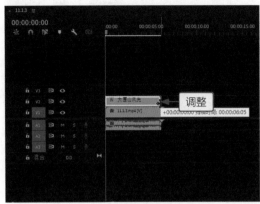

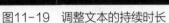

图11-19 调整文本的持续时长

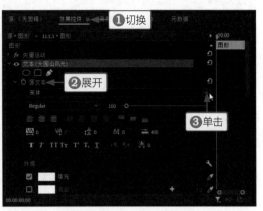

图11-20 单击下拉按钮

STEP 06 在弹出的下拉列表中选择"楷体"选项，如图11-21所示。

STEP 07 在下方拖曳"字体"滑块至125，或输入文本参数值为125，如图11-22所示。

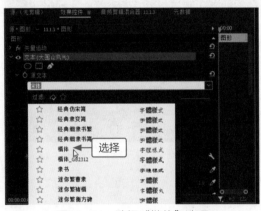

图11-21 选择"楷体"选项

图11-22 输入文本参数值

STEP 08 执行操作后，即可设置字幕的字体和大小，效果如图11-23所示。

STEP 09 在"效果控件"面板中，❶单击"不透明度"选项左侧的"切换动画"按钮◙；❷添加第1个关键帧，如图11-24所示。

STEP 10 在"效果控件"面板中，设置"不透明度"参数为0.0%，如图11-25所示，使文字消失不见。

专家指点

　　如果用户不喜欢字幕的颜色，可以在"效果控件"面板的"外观"选项区中，单击"填充"色块，设置字体颜色；选中"描边"复选框，还可以为字体设置描边边框，单击"描边"色块，即可设置描边边框的颜色。

STEP 11 ❶将时间指示器拖曳至00:00:02:00的位置；❷设置"不透明度"参数为100.0%；❸添加第2个关键帧，如图11-26所示，即可制作文字淡入效果。

图11-23 设置字体和大小的效果

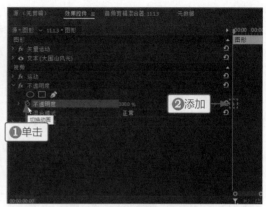

图11-24 添加第1个关键帧

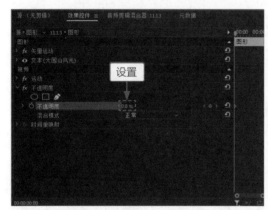

图11-25 设置"不透明度"参数

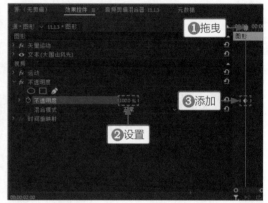

图11-26 添加第2个关键帧

STEP 12 使用与上述同样的方法，在00:00:04:00的位置添加第3个关键帧，如图11-27所示。此时"不透明度"参数依然为100%，文字在画面中正常显示。

STEP 13 使用与上述同样的方法，❶在00:00:05:00的位置添加第4个关键帧；❷设置"不透明度"参数为0.0%，如图11-28所示，即可制作出文字淡出的效果。

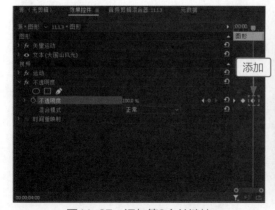

图11-27 添加第3个关键帧

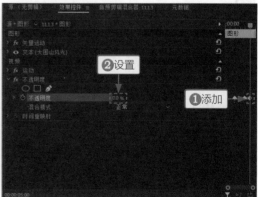

图11-28 设置"不透明度"参数

11.1.4 制作镜头推拉特效

【效果展示】：镜头推拉特效是指固定对象位置不变，将镜头画面以逐渐推近或拉远的形式展现在观众的眼前。镜头推拉特效在影视节目中运用得也比较频繁，该效果不仅操作简单，而且制作的画面对比较强，表现力丰富。在Premiere中，可以通过设置"缩放"参数来制作，效果如图11-29所示。

图11-29　效果展示

下面介绍在Premiere中制作镜头推拉特效的具体操作方法。

STEP 01 打开一个项目文件，并在"节目监视器"面板中预览项目效果，如图11-30所示。

STEP 02 选择V1轨道上的素材文件，在"效果控件"面板中，❶单击"缩放"选项左侧的"切换动画"按钮 ；❷添加第1个关键帧，如图11-31所示。

 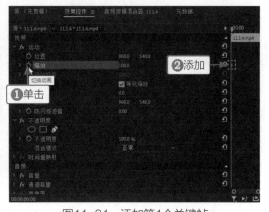

图11-30　预览项目效果　　　　　　图11-31　添加第1个关键帧

STEP 03 将时间指示器拖曳至00:00:03:00的位置，如图11-32所示。

STEP 04 ❶设置"缩放"参数为160.0；❷为视频添加第2个关键帧，如图11-33所示，即可制作视频镜头推近效果。

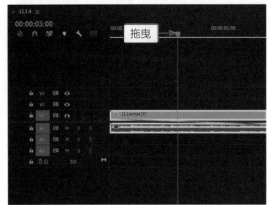
图11-32 拖曳时间指示器

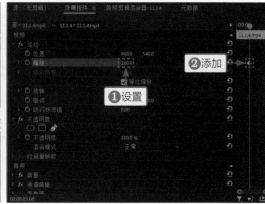
图11-33 添加第2个关键帧

STEP 05 将时间指示器拖曳至00:00:06:00的位置，如图11-34所示。

STEP 06 ❶设置"缩放"参数为100.0；❷为视频添加第3个关键帧，如图11-35所示，即可制作视频镜头的拉远效果。

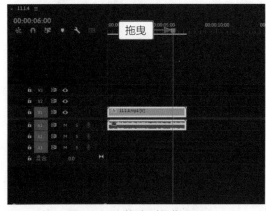
图11-34 拖曳时间指示器

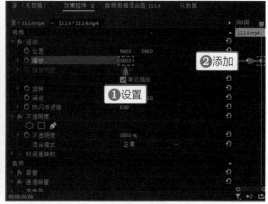
图11-35 添加第3个关键帧

||11.2| 制作遮罩叠加特效

在Premiere中，所谓遮罩叠加特效，是该软件提供的一种视频编辑方法，它将视频素材添加到视频轨道中，然后通过添加视频效果或调整视频素材的大小、位置、透明度等属性，从而制作出视频画面叠加效果。本节介绍字幕遮罩动画、颜色键透明叠加特效、不透明度叠加特效、颜色透明叠加特效和局部马赛克叠加特效的制作方法。

11.2.1 为字幕添加遮罩动画

【效果展示】：在Premiere中，使用"创建椭圆形蒙版"功能，可以为字幕制作椭圆形遮罩动画效果，如图11-36所示。

图11-36　效果展示

下面介绍在Premiere中为字幕添加遮罩动画的具体操作方法。

STEP 01 打开一个项目文件，如图11-37所示。

STEP 02 在"节目监视器"面板中可以查看素材画面，如图11-38所示。

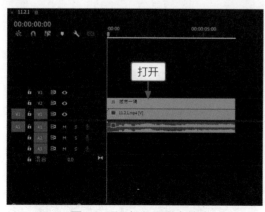

图11-37　打开项目文件　　　　　图11-38　查看素材画面

STEP 03 在"时间轴"面板中，选择字幕文件，如图11-39所示。

STEP 04 ❶切换至"效果控件"面板；❷在"文本"选项区下方单击"创建椭圆形蒙版"按钮◐，如图11-40所示。

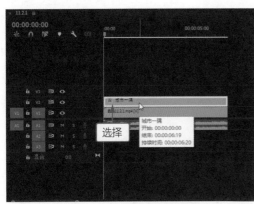

图11-39　选择字幕文件

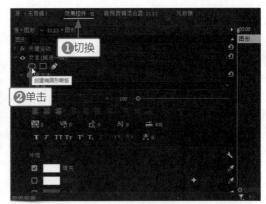

图11-40　单击"创建椭圆形蒙版"按钮

STEP 05　执行操作后，在"节目监视器"面板中会显示一个椭圆图形，如图11-41所示。

STEP 06　按住鼠标左键并将图形拖曳至字幕文件位置，如图11-42所示。

图11-41　显示一个椭圆图形

图11-42　将图形拖曳至字幕文件位置

STEP 07　在"效果控件"面板的"文本"选项区下方，❶单击"蒙版扩展"左侧的"切换动画"按钮❷；❷在视频的开始位置添加第1个关键帧，如图11-43所示。

STEP 08　添加完成后，在"蒙版扩展"右侧的数值框中，设置"蒙版扩展"参数为-240.0，如图11-44所示。

图11-43　添加第1个关键帧

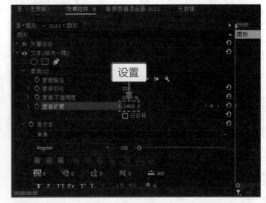

图11-44　设置"蒙版扩展"参数

STEP 09　设置完成后，将时间指示器拖曳至00:00:04:00的位置，如图11-45所示。

STEP 10　在"蒙版扩展"选项的右侧，❶单击"添加/移除关键帧"按钮■；❷添加第2个关键帧，如图11-46所示。

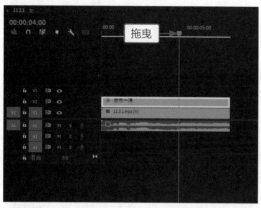
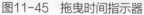

图11-45　拖曳时间指示器

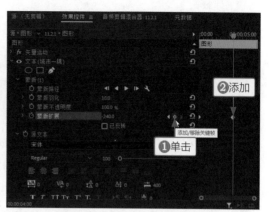

图11-46　添加第2个关键帧

STEP 11　添加完成后，设置"蒙版扩展"参数为0.0，如图11-47所示。

STEP 12　执行上述操作后，即可完成椭圆形蒙版动画的设置，效果如图11-48所示。

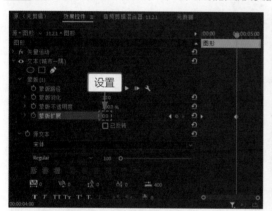

图11-47　设置相应参数

图11-48　完成椭圆形蒙版动画设置

　专家指点

为视频或字幕添加蒙版后，在"蒙版扩展"下方选中"已反转"复选框，即可反转设置的蒙版效果。

案例效果　　教学视频

11.2.2　制作颜色键透明叠加特效

【效果展示】：在Premiere中，用户可以运用"颜色键"视频效果制作出一些比较特别的叠加效果，如图11-49所示。

图11-49　效果展示

下面介绍在Premiere中制作颜色键透明叠加特效的具体操作方法。

STEP 01 打开一个项目文件，并查看项目效果，如图11-50所示。

STEP 02 在"效果"面板中，选择"键控"|"颜色键"视频效果，如图11-51所示。

图11-50　查看项目效果

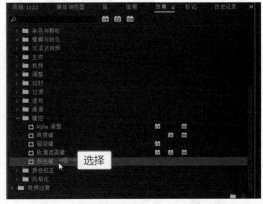

图11-51　选择"颜色键"视频效果

STEP 03 按住鼠标左键，将其拖曳至V2轨道的素材上，如图11-52所示，即可为视频添加"颜色键"视频效果。

STEP 04 在"效果控件"面板中，设置"主要颜色"为蓝色(RGB颜色值为74、150、214)，如图11-53所示。

STEP 05 ❶单击"颜色容差"选项左侧的"切换动画"按钮 ；❷添加第1个关键帧，如图11-54所示。

STEP 06 ❶将时间指示器拖曳至00:00:03:00的位置；❷单击"添加/移除关键帧"按钮 ，如图11-55所示，添加第2个关键帧，此时"颜色容差"参数依然为0，"节目监视器"面板中依然显示V2轨道的素材画面。

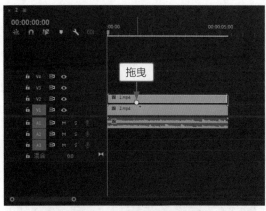

图11-52 拖曳视频效果

图11-53 设置"主要颜色"为蓝色

图11-54 添加第1个关键帧

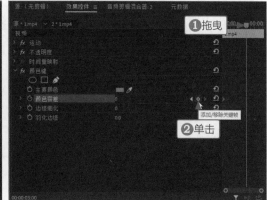

图11-55 单击"添加/移除关键帧"按钮

STEP 07 ❶将时间指示器拖曳至00:00:04:00的位置;❷添加第3个关键帧,如图11-56所示。

STEP 08 ❶设置"颜色容差"参数为255;❷设置"羽化边缘"参数为10.0,如图11-57所示,即可完成颜色键透明叠加特效的制作。

图11-56 添加第3个关键帧

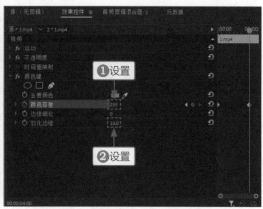

图11-57 设置"羽化边缘"参数

11.2.3 制作不透明度叠加特效

【效果展示】：在Premiere中，淡入淡出叠加特效是指通过对两个或两个以上的素材文件添加"不透明度"特效，并为素材添加关键帧实现素材之间的叠加转换，效果如图11-58所示。

图11-58　效果展示

STEP 01 打开一个项目文件，并预览项目效果，如图11-59所示。

图11-59　预览项目效果

STEP 02 将"项目"面板中的两个素材分别添加至"时间轴"面板中的V1和V2轨道，如图11-60所示。

STEP 03 选择V2轨道中的素材，❶在"效果控件"面板中展开"不透明度"选项；❷设置"不透明度"为0.0%；❸添加第1个关键帧，如图11-61所示。

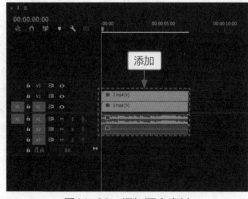
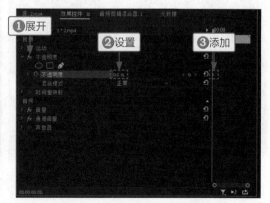

图11-60　添加两个素材　　　　图11-61　添加第1个关键帧

STEP 04 ❶将时间指示器拖曳至00:00:03:00的位置；❷设置"不透明度"为100.0%；❸添加第2个关键帧，如图11-62所示。

STEP 05 ❶将时间指示器拖曳至00:00:05:00的位置；❷设置"不透明度"为0.0%；❸添加第3个关键帧，如图11-63所示，即可查看制作的叠加效果。

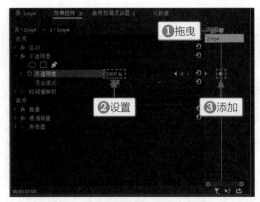

图11-62 添加第2个关键帧

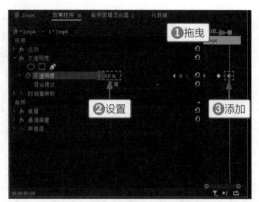

图11-63 添加第3个关键帧

11.2.4 制作颜色透明叠加特效

案例效果　　教学视频

【效果展示】：在Premiere中，使用"超级键"效果，可以对视频中的某种颜色进行色度抠图处理，使抠取的颜色呈透明效果，如图11-64所示。

图11-64 效果展示

下面介绍在Premiere中制作颜色透明叠加特效的具体操作方法。

STEP 01 打开一个项目文件，并预览项目效果，如图11-65所示。

图11-65 预览项目效果

STEP 02 将"项目"面板中的两个素材分别添加至"时间轴"面板的V1和V2轨道中，如图11-66所示。

STEP 03 ❶在"效果"面板中，展开"视频效果"|"键控"选项；❷选择"超级键"视频效果，如图11-67所示。

图11-66　添加两个素材　　　　　　　　　　　图11-67　选择"超级键"视频效果

STEP 04 按住鼠标左键并将其拖曳至V2轨道的素材上，如图11-68所示，释放鼠标左键，即可添加相应的视频效果。

STEP 05 在"效果控件"面板中，设置"主要颜色"为绿色(RGB参数值为32、219、0)，如图11-69所示。执行操作后，即可查看制作的叠加效果。

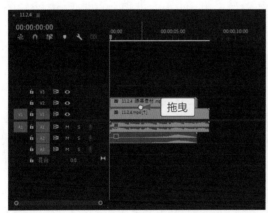
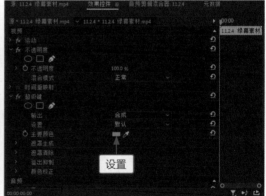

图11-68　拖曳视频效果　　　　　　　　　　　图11-69　设置"主要颜色"为绿色

11.2.5 制作局部马赛克叠加特效

案例效果　　教学视频

【效果展示】：在Premiere中，"马赛克"视频效果可以用于遮盖人物的脸部，或者遮盖视频中的水印和瑕疵等，效果如图11-70所示。

图11-70 效果展示

下面介绍在Premiere中制作局部马赛克叠加特效的具体操作方法。

STEP 01 打开一个项目文件,并预览项目效果,如图11-71所示。

图11-71 预览项目效果

STEP 02 在"效果"面板中,❶展开"视频效果"|"风格化"选项;❷选择"马赛克"视频效果,如图11-72所示。

STEP 03 按住鼠标左键并将其拖曳至"时间轴"面板V1轨道的素材上,如图11-73所示,释放鼠标左键,即可添加相应的视频效果。

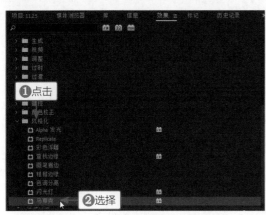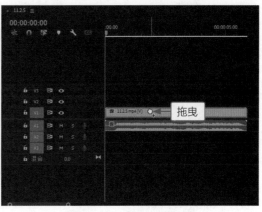

图11-72 选择"马赛克"视频效果　　　　图11-73 拖曳视频效果

STEP 04 在"效果控件"面板中,❶展开"马赛克"选项;❷单击"创建4点多边形蒙版"按钮■,如图11-74所示。

STEP 05 在"节目监视器"面板中,拖曳蒙版的4个控制点,调整蒙版的遮罩大小与位置,使水印刚好被遮住,如图11-75所示。

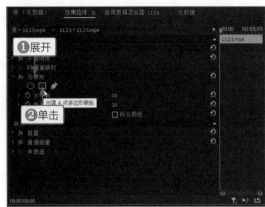

图11-74　单击"创建4点多边形蒙版"按钮

图11-75　调整蒙版的遮罩大小和位置

STEP 06 调整完成后，在"效果控件"面板中，设置"水平块"参数为20.0、"垂直块"参数为20.0，如图11-76所示，即可预览局部马赛克叠加效果。

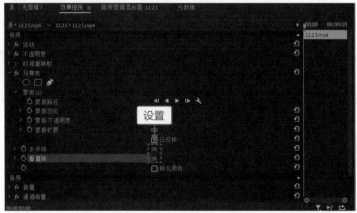

图11-76　设置相应参数

综合篇

CHAPTER

第12章

章前知识导读

　　剪映电脑版界面布局灵活、功能强大，为用户提供了更舒适的创作剪辑条件。另外，在剪映电脑版中制作长视频也变得更加方便，不仅功能简单好用，而且上手难度低，只要用户熟悉剪映手机版，就能驾驭电脑版，轻松制作出艺术大作。

剪映电脑版案例：制作《天空的精灵》

新手重点索引

　《天空的精灵》效果展示

　操作步骤和方法

效果图片欣赏

12.1 《天空的精灵》效果展示

　　用户可以运用剪映电脑版来制作主题类视频，例如《天空的精灵》就是以云为主题的视频。在制作主题类视频前，用户要准备好合适的素材和与主题契合的文案，以方便后期的视频剪辑和添加字幕。在讲解《天空的精灵》的操作方法之前，先预览效果，并掌握技术提炼等内容。

案例效果

12.1.1 效果预览

　　【效果展示】：本案例以天空中的云朵为主题，通过展示不同地点、时间和形态的云，并搭配合适的文案内容，带领大家感受云朵之美，效果如图12-1所示。

图12-1　《天空的精灵》效果展示

图12-1 《天空的精灵》效果展示(续)

12.1.2 技术提炼

　　制作《天空的精灵》视频共分为7个步骤。首先，在剪映电脑版中将素材分别添加到相应的轨道中；然后为视频轨道中的素材添加合适的转场；再为视频添加相应的文字和文字动画；再制作视频的片头片尾；再为视频添加合适的滤镜进行调色；再为视频添加背景音乐；最后将制作好的视频导出即可。

||12.2 操作步骤和方法

　　本节主要介绍在剪映电脑版中制作《天空的精灵》的操作方法，包括导入视频素材、添加转场效果、添加视频字幕、制作片头片尾、添加滤镜效果、添加背景音乐和导出视频效果。

12.2.1 导入视频素材

教学视频

　　制作视频的第一步就是导入准备好的视频素材。下面介绍在剪映电脑版中导入素材的操作方法。

STEP 01 打开剪映电脑版，在首页中单击"开始创作"按钮，如图12-2所示。

STEP 02 执行操作后，进入视频编辑界面，在"媒体"功能区的"本地"选项卡中单击"导入"按钮，如图12-3所示。

STEP 03 此时弹出"请选择媒体资源"对话框，❶在素材文件夹中按【Ctrl＋A】组合键，全选所有素材；❷单击"导入"按钮，如图12-4所示。

STEP 04 执行操作后，即可将所有素材导入"本地"选项卡中，❶全选所有素材；❷单击第1个素材右下角的"添加到轨道"按钮❶，如图12-5所示。

STEP 05 执行操作后，即可将所有素材按顺序添加到视频轨道中，如图12-6所示。

STEP 06 在剪映电脑版中，除了将素材添加到视频轨道，还可以将素材添加到画中画轨道，按住粒子素材并拖曳至画中画轨道的起始位置即可，如图12-7所示。

图12-2 单击"开始创作"按钮

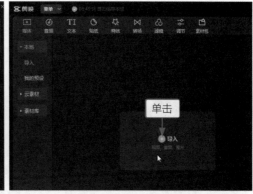

图12-3 单击"导入"按钮

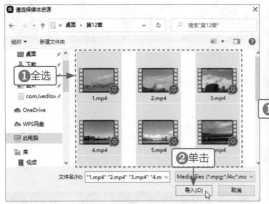

图12-4 选择并导入素材

图12-5 单击"添加到轨道"按钮

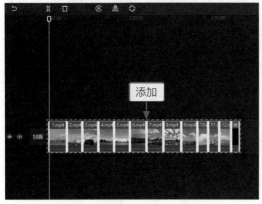

图12-6 将素材添加到视频轨道

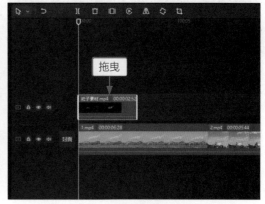

图12-7 将粒子素材拖曳至画中画轨道

12.2.2 添加转场效果

教学视频

为防止视频片段之间的过渡过于单调，可以为视频添加转场效果，提高视频的观赏性。下面介绍在剪映电脑版中添加转场的操作方法。

STEP 01 将时间指示器拖曳至第1段和第2段素材之间的位置，如图12-8所示。

STEP 02 ❶单击"转场"按钮，进入"转场"功能区；❷切换至"叠化"选项卡；❸单击"叠化"转场右下角的"添加到轨道"按钮➕，如图12-9所示。

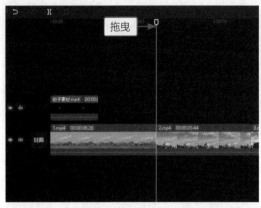

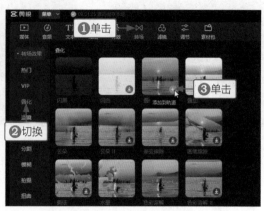

图12-8　将时间指示器拖曳至相应位置　　　　　图12-9　单击"添加到轨道"按钮

STEP 03 执行操作后，即可在第1段和第2段素材中间添加一个"叠化"转场，如图12-10所示。

STEP 04 在右上角的"转场"操作区中，❶拖曳滑块，设置"时长"参数为1.5s；❷单击"应用全部"按钮，如图12-11所示，即可调整"叠化"转场的持续时长，并在剩下的所有素材之间添加"叠化"转场。

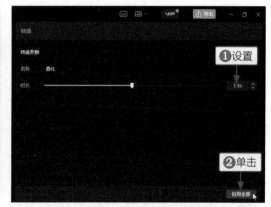

图12-10　添加"叠化"转场　　　　　　　　　图12-11　单击"应用全部"按钮

教学视频

12.2.3 添加视频字幕

添加文字可以丰富视频的内容，而为文字添加动画可以增加视频的趣味性。下面介绍在剪映电脑版中添加字幕的操作方法。

STEP 01 将时间指示器拖曳至00:00:01:00的位置，如图12-12所示。

STEP 02 ❶单击"文本"按钮，进入"文本"功能区；❷在"新建文本"选项卡中单击"默认文本"选项右下角的"添加到轨道"按钮➕，如图12-13所示，即可为视频添加一段默认文本。

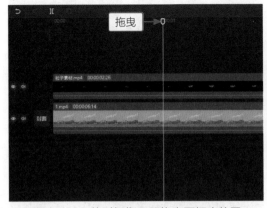

图12-12　将时间指示器拖曳至相应位置

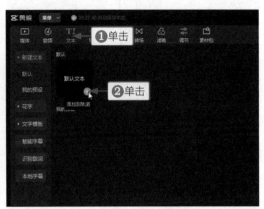

图12-13　单击"添加到轨道"按钮

STEP 03 在"文本"操作区的"基础"选项卡中，❶输入文字内容；❷选择合适的文字字体，如图12-14所示。

STEP 04 ❶切换至"动画"操作区；❷在"入场"选项卡中选择"逐字显影"动画，如图12-15所示，即可为文字添加一个入场动画。

图12-14　选择文字字体

图12-15　选择"逐字显影"动画

STEP 05 ❶切换至"出场"选项卡；❷选择"溶解"动画；❸设置"动画时长"参数为2.5s，如图12-16所示。

STEP 06 拖曳文字右侧的白色拉杆，调整文字的持续时长，使其结束位置对齐转场的起始位置，如图12-17所示。

STEP 07 将时间指示器拖曳至第1个转场的结束位置，在"新建文本"选项卡中单击"默认文本"选项右下角的"添加到轨道"按钮➕，如图12-18所示，再添加一段文本。

STEP 08 ❶输入文字内容；❷选择合适的文字字体，如图12-19所示。

STEP 09 ❶切换至"花字"选项卡；❷选择一个花字样式，如图12-20所示。

STEP 10 ❶切换至"动画"操作区；❷在"入场"选项卡中选择"羽化向右擦开"动画；❸设置"动画时长"参数为1.0s，如图12-21所示。

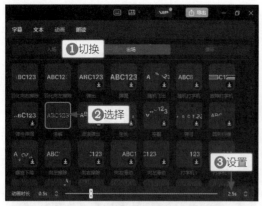

图12-16　设置"动画时长"参数

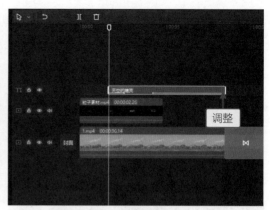

图12-17　调整文字的持续时长

图12-18　单击"添加到轨道"按钮

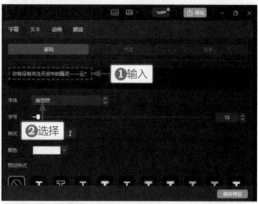

图12-19　选择文字字体

图12-20　选择花字样式

图12-21　设置"动画时长"参数

STEP 11　❶切换至"出场"选项卡；❷选择"溶解"动画，如图12-22所示。

STEP 12　在"播放器"面板中调整文字的大小和位置，如图12-23所示。

STEP 13　调整第2段文本的持续时长，使其结束位置对齐第2个转场的起始位置，如图12-24所示。

STEP 14　❶在第2段文本上右击；❷在弹出的快捷菜单中选择"复制"命令，如图12-25所示，即可将其复制一份。

图12-22 选择"溶解"动画

图12-23 调整文字的大小和位置

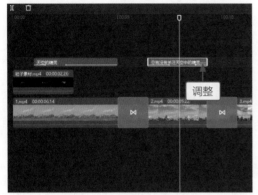

图12-24 调整文字的持续时长

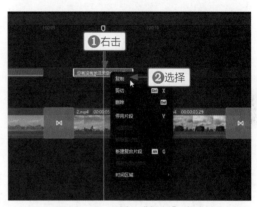

图12-25 选择"复制"命令

STEP 15 ❶将时间指示器拖曳至第2个转场的结束位置；❷在时间指示器的右侧空白位置右击；❸在弹出的快捷菜单中选择"粘贴"命令，如图12-26所示，即可将复制的文本粘贴至时间指示器的右侧。

STEP 16 在"文本"功能区的"基础"选项卡中修改复制文本的内容，如图12-27所示。

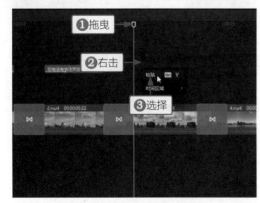

图12-26 选择"粘贴"命令

图12-27 修改文字内容

STEP 17 调整第3段文本的持续时长，使其结束位置对齐第3个转场的起始位置，如图12-28所示。

STEP 18 使用与上述同样的方法，在适当位置再添加相应的文本，修改文字内容，并调整它们的时长，如图12-29所示。

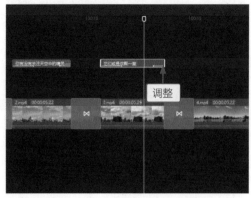

图12-28　调整文字的持续时长

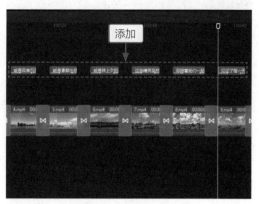

图12-29　添加相应文本

教学视频

12.2.4 制作片头片尾

为视频添加片头片尾，可以提高视频的完整度，增加视频的观赏性。下面介绍在剪映电脑版中制作片头片尾的操作方法。

STEP 01 将时间指示器拖曳至视频起始位置，❶切换至"特效"功能区；❷展开"基础"选项卡；❸单击"方形开场"特效右下角的"添加到轨道"按钮 ，如图12-30所示。

STEP 02 执行操作后，即可为视频添加一个片头特效，如图12-31所示。

图12-30　单击"添加到轨道"按钮

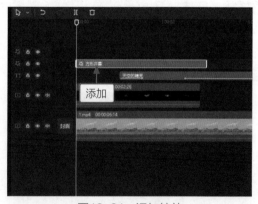

图12-31　添加特效

STEP 03 为了让片头更加美观，用户还可以制作片头文字消散效果，首先在"播放器"面板中调整第1段文字的位置和大小，如图12-32所示。

STEP 04 在画中画轨道中调整粒子素材的位置，使其结束位置对齐第1个转场的起始位置，如图12-33所示。

STEP 05 在"画面"操作区的"基础"选项卡中，设置"混合模式"为"滤色"，去除粒子素材中的黑色，如图12-34所示。

STEP 06 在"播放器"面板中调整粒子素材的位置和大小，即可完成片头文字消散效果的制作，如图12-35所示。

图12-32 调整文字的位置和大小

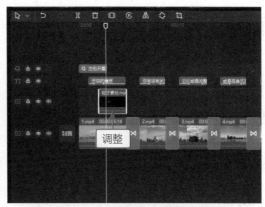

图12-33 调整粒子素材的位置

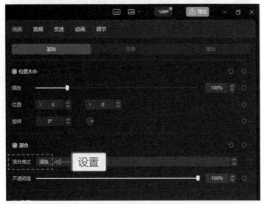

图12-34 设置"混合模式"为"滤色"

图12-35 调整粒子素材的位置和大小

STEP 07 将时间指示器拖曳至00:00:48:15的位置，在"特效"功能区的"基础"选项卡中单击"全剧终"特效右下角的"添加到轨道"按钮🔵，如图12-36所示。

STEP 08 执行操作后，即可为视频添加一个片尾特效，拖曳"全剧终"特效右侧的白色拉杆，调整特效的持续时长；使其结束位置对齐视频的结束位置，即可完成片尾的制作，如图12-37所示。

图12-36 单击"添加到轨道"按钮

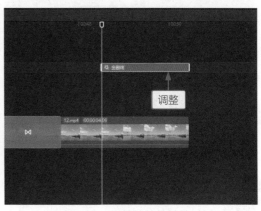

图12-37 调整特效的持续时长

教学视频

12.2.5 添加滤镜效果

用户在为视频添加滤镜时，要根据素材的情况选择性地添加合适的滤镜，并通过设置滤镜强度参数得到最好的画面效果。下面介绍在剪映电脑版中添加滤镜的操作方法。

STEP 01 将时间指示器拖曳至视频起始位置，❶切换至"滤镜"功能区；❷展开"复古胶片"选项卡；❸单击"普林斯顿"滤镜右下角的"添加到轨道"按钮 ，如图12-38所示。

STEP 02 执行操作后，即可为视频添加一个滤镜，在"滤镜"操作区中，设置"强度"参数为60，如图12-39所示，即可调整滤镜的作用效果。

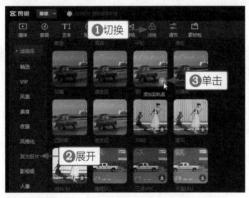

图12-38　单击"添加到轨道"按钮

图12-39　设置"强度"参数

STEP 03 调整"普林斯顿"滤镜的持续时长，使其结束位置对齐第5段素材的结束位置，如图12-40所示。

STEP 04 将时间指示器拖曳至"普林斯顿"滤镜的结束位置，在"滤镜"功能区中，❶切换至"风景"选项卡；❷单击"暮色"滤镜右下角的"添加到轨道"按钮 ，如图12-41所示，为视频添加第2个滤镜。

图12-40　调整滤镜的持续时长

图12-41　单击"添加到轨道"按钮

STEP 05 在"滤镜"操作区中，设置"暮色"滤镜的"强度"参数为60，如图12-42所示。

STEP 06 调整"暮色"滤镜的持续时长，使其与第6段视频素材的时长保持一致，如图12-43所示。

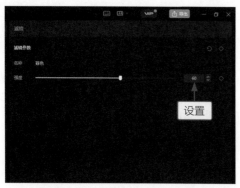

图12-42 设置"强度"参数

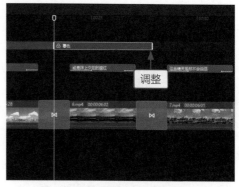

图12-43 调整滤镜的持续时长

STEP 07 在"暮色"滤镜的后面再添加一个"普林斯顿"滤镜，设置其"强度"参数为60，如图12-44所示。

STEP 08 调整第2个"普林斯顿"滤镜的时长，使其结束位置对准视频的结束位置，如图12-45所示。

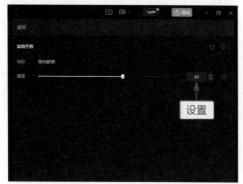

图12-44 设置"强度"参数

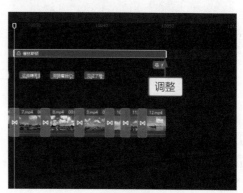

图12-45 调整滤镜的持续时长

教学视频

12.2.6 添加背景音乐

用户为视频添加背景音乐后，可以对音频的时长、音量进行调整，让音乐更加贴合视频。下面介绍在剪映电脑版中添加音乐的操作方法。

STEP 01 将时间指示器拖曳至视频起始位置，❶切换至"音频"功能区；❷在"音乐素材"选项卡的搜索框中输入关键词，如图12-46所示，按【Enter】键即可搜索相应音乐。

STEP 02 单击相应音乐右下角的"添加到轨道"按钮➕，如图12-47所示，即可为视频添加一首背景音乐。

STEP 03 ❶将时间指示器拖曳至视频结束位置；❷在时间线面板的上方单击"分割"按钮▯，如图12-48所示。

STEP 04 执行操作后，即可将音频分割成两段，并自动选择分割出的后半段音频，在时间线面板的上方单击"删除"按钮▯，如图12-49所示，将其删除。

图12-46　输入关键词

图12-47　单击"添加到轨道"按钮

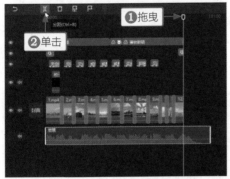

图12-48　单击"分割"按钮

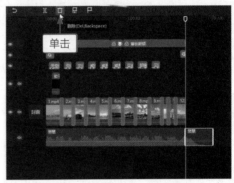

图12-49　单击"删除"按钮

STEP 05　选择剩下的音频，如图12-50所示。

STEP 06　在"音频"操作区的"基本"选项卡中拖曳滑块，设置"音量"参数为-12.0dB，降低音频的音量，如图12-51所示。

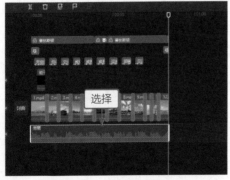

图12-50　选择剩下的音频

图12-51　设置"音量"参数

教学视频

12.2.7 导出视频效果

视频制作好后，用户就可以导出视频，在导出时用户可以对视频的名称和保存位置等内容进行设置。下面介绍在剪映电脑版中导出视频的操作方法。

STEP 01 在界面右上角单击"导出"按钮，如图12-52所示。

STEP 02 弹出"导出"对话框，❶输入作品名称；❷单击"导出至"右侧的▣按钮，如图12-53所示。

图12-52 单击"导出"按钮

图12-53 单击相应按钮

STEP 03 弹出"请选择导出路径"对话框，❶设置视频的保存位置；❷单击"选择文件夹"按钮，如图12-54所示，即可更改视频的保存位置。

STEP 04 在"视频导出"选项区中，用户还可以对视频导出的分辨率、码率、编码、格式和帧率进行设置，如果不需要设置，可以单击"导出"按钮，如图12-55所示。

图12-54 单击"选择文件夹"按钮

图12-55 单击"导出"按钮

STEP 05 执行操作后，即可开始导出视频，并显示导出进度，导出完成后，用户可以选择前往抖音或西瓜视频发布视频，如果不需要发布视频，可以单击"关闭"按钮，如图12-56所示。关闭"导出"对话框，返回视频编辑界面。

图12-56 单击"关闭"按钮

前面分别介绍了剪映和Premiere的操作技巧，以及一个剪映电脑版案例，那么将这两个软件相结合，强强联手、优势互补，能制作出什么样的视频效果呢？本章将介绍使用剪映电脑版和Premiere联合制作《城市记忆》的操作方法。

CHAPTER

第13章

剪映电脑版＋Pr案例：制作《城市记忆》

新手重点索引

《城市记忆》效果展示

在剪映中的操作

在Pr中的操作

效果图片欣赏

13.1《城市记忆》效果展示

剪映电脑版为用户提供了优质的视频剪辑体验，支持搜索海量音频、表情包、贴纸、花字、文字模板和滤镜等，可以满足用户的各类创作需求，让用户轻松成为剪辑大神。

Pr是Premiere的缩写简称。Premiere是一款兼容性和画面编辑质量都非常好的视频剪辑软件，为用户提供了采集、剪辑、过渡效果、美化音频、字幕添加和多格式输出等一整套完整的功能，不仅可以满足用户创建高质量作品的需求，还可以提升用户的创作能力和创作自由度。

这两款软件都有一个共同的特性，那就是操作简单、易学且高效。在使用Premiere和剪映电脑版制作《城市记忆》视频效果之前，首先预览项目效果，并掌握项目技术提炼等内容。

案例效果

13.1.1 效果预览

【效果展示】：在开始制作之前，首先带领读者预览《城市记忆》视频的画面效果，如图13-1所示。

图13-1　《城市记忆》效果展示

图13-1 《城市记忆》效果展示(续)

13.1.2 技术提炼

《城市记忆》视频的制作共分为两部分进行剪辑处理。

第1部分为在剪映中的处理，首先需要在剪映中制作一个视频片头；然后通过制作调色预设为视频素材进行调色处理，并导出视频保存；最后识别背景音乐中的歌词，在剪映中批量制作出视频的字幕文件。

第2部分为在Pr中的处理，首先需要导入在剪映中制作的片头和调色后的视频，并添加到视频轨道中，适当剪辑各个视频的持续时间；然后添加视频过渡效果，使视频与视频之间切换自然、流畅；再将剪映中制作的字幕文件导入Premiere中，实现剪映与Premiere的联合操作；最后添加背景音乐，将制作的视频渲染导出。

13.2 在剪映中的操作

本节主要介绍《城市记忆》视频在剪映中的操作处理，包括制作片头片尾、为素材进行调色及识别歌词制作字幕文件等内容。相信读者学完以后，会更加熟练剪映的操作。

教学视频

13.2.1 制作片头片尾

剪映拥有非常丰富的特效和文字模板，为用户提供了很好的创作空间，可以制作出非常炫酷的视频效果，因此《城市记忆》视频中的片头和片尾可以在剪映中进行制作，下面介绍具体的操作方法。

STEP 01 在剪映的"媒体"功能区中导入一个片头视频素材、一个片尾视频素材和一段片头音乐素材，如图13-2所示。

STEP 02 依次将片头视频和音乐添加到视频轨道和音频轨道中，如图13-3所示。

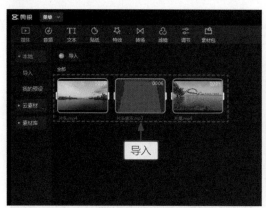

图13-2　导入视频和音乐　　　　图13-3　添加视频和音乐

STEP 03 在"特效"功能区的"基础"选项卡中，单击"开幕"特效右下角的"添加到轨道"按钮，如图13-4所示。

STEP 04 执行操作后，即可添加一个"开幕"特效，拖曳特效右侧的白色拉杆，调整其时长为1s，如图13-5所示。

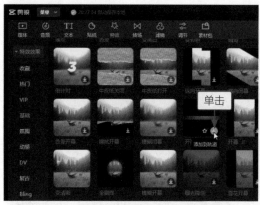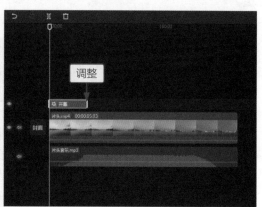

图13-4　单击"添加到轨道"按钮　　　　图13-5　调整"开幕"特效的时长

STEP 05 将时间指示器拖曳至00:00:00:25的位置，如图13-6所示。

STEP 06 在"文本"功能区的"文字模板"|"片头标题"选项卡中，单击相应文字模板右下角的"添加到轨道"按钮，如图13-7所示。

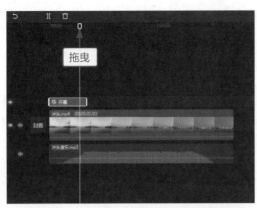

图13-6　将时间指示器拖曳至相应位置

图13-7　单击"添加到轨道"按钮

STEP 07　执行操作后，即可在时间指示器的右侧添加一个文字模板，如图13-8所示。

STEP 08　在"文本"操作区中删除原来的文本，输入相应的文字内容，如图13-9所示。

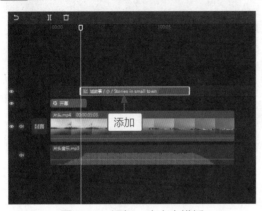

图13-8　添加一个文字模板

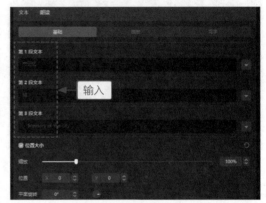

图13-9　输入内容

STEP 09　在界面右上角单击"导出"按钮，如图13-10所示。

STEP 10　弹出"导出"对话框，❶在其中设置好视频的名称和保存位置；❷单击"导出"按钮，如图13-11所示。稍等片刻，即可导出视频。

图13-10　单击"导出"按钮

图13-11　设置视频的名称和保存位置

STEP 11　返回编辑界面，清空所有轨道，将片尾素材添加到视频轨道中，如图13-12所示。

STEP 12 将时间指示器拖曳至00:00:03:00的位置，如图13-13所示。

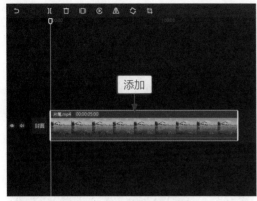

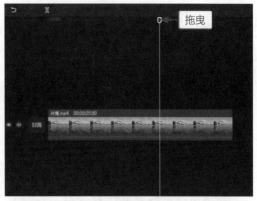

图13-12　添加片尾素材　　　　　　　　图13-13　将时间指示器拖曳至相应位置

STEP 13 在"特效"功能区的"基础"选项卡中，单击"闭幕"特效右下角的"添加到轨道"按钮，如图13-14所示。

STEP 14 在特效轨道中调整"闭幕"特效的持续时长，使其结束位置略微超出视频的结束位置，如图13-15所示，将制作好的片尾视频导出备用。

一般来说，特效不要超出视频的时长，否则自动生成黑幕影响观感，但是本案例正好可以利用形成的黑幕让制作的闭幕片尾效果更加持久。

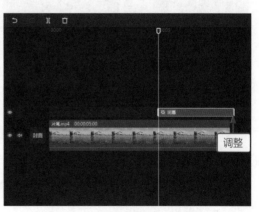

图13-14　单击"添加到轨道"按钮　　　　　图13-15　调整"闭幕"特效的时长

教学视频

13.2.2 为素材进行调色

在剪映中为视频添加调节效果后，可以将调节效果保存为调色预设效果，这样便可以在为其他视频调色时直接套用调色预设效果，提高调色效率，批量为视频调色。下面介绍制作调色预设为视频调色的操作方法。

STEP 01 在剪映的"媒体"功能区中，导入需要调色的11个视频素材，如图13-16所示。

STEP 02 将第1个视频素材添加到视频轨道中，如图13-17所示。

 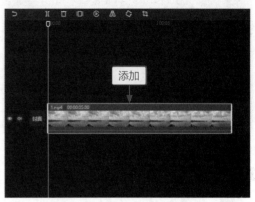

图13-16 导入需要调色的视频素材　　　　图13-17 添加第1个视频素材

STEP 03 在"调节"功能区的"调节"|"自定义"选项卡中，单击"自定义调节"选项右下角的"添加到轨道"按钮，如图13-18所示。

STEP 04 执行操作后，即可添加一个"调节1"效果，拖曳该效果右侧的白色拉杆，调整其时长与视频时长一致，如图13-19所示。

 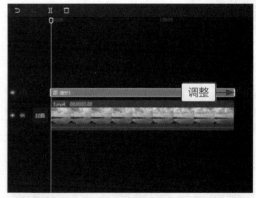

图13-18 单击"添加到轨道"按钮　　　　图13-19 调整"调节1"效果的时长

STEP 05 在"调节"操作区的"基础"选项卡中，设置"色温"参数为9、"饱和度"参数为16、"对比度"参数为5、"高光"参数为6、"光感"参数为-9、"锐化"参数为16，提高画面的色彩饱和度及清晰度，如图13-20所示。

STEP 06 设置完成后，在"调节"操作区中单击"保存预设"按钮，如图13-21所示。

STEP 07 执行操作后，即可将预设保存在"调节"功能区的"调节"|"我的预设"选项卡中，默认名称为"预设调色1"，❶在"预设调色1"效果上右击；❷在弹出的快捷菜单中选择"重命名"命令，如图13-22所示。

STEP 08 弹出"保存调节预设"对话框，❶在文本框中删除默认的名称，输入"城市调色"；❷单击"保存"按钮，如图13-23所示，即可更改预设效果的名称。

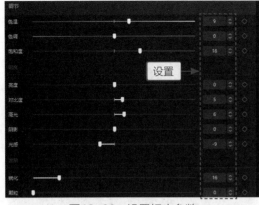

图13-20 设置相应参数

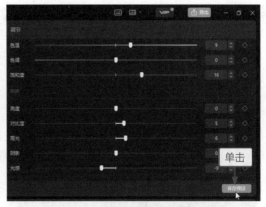

图13-21 单击"保存预设"按钮

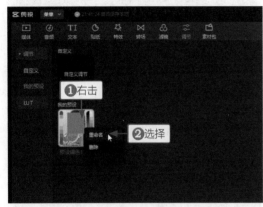

图13-22 选择"重命名"命令

图13-23 单击"保存"按钮

STEP 09 单击"导出"按钮，将第1个调色视频导出保存，清空轨道上的视频和效果，在剪映的"媒体"功能区中选择第2个视频，通过拖曳的方式，将第2个视频添加至视频轨道中，如图13-24所示。

STEP 10 在"播放器"面板中，可以查看第2个视频未调色的效果，如图13-25所示。

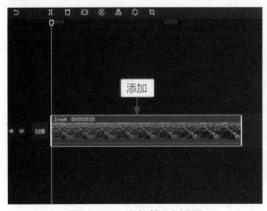

图13-24 添加第2个视频

图13-25 查看第2个视频未调色的效果

STEP 11 在"调节"功能区的"调节"｜"我的预设"选项卡中，单击"城市调色"预设右下角的"添加到轨道"按钮➕，如图13-26所示。

STEP 12 执行操作后，即可添加预设效果，此时轨道上的名称会自动变为"调节2"，如图13-27所示。

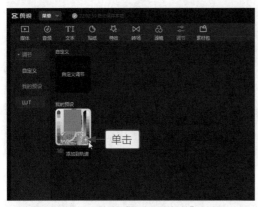
图13-26　单击"添加到轨道"按钮

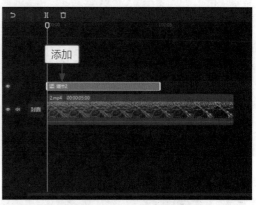
图13-27　添加预设效果

STEP 13 拖曳预设效果右侧的白色拉杆，调整其时长与视频时长一致，如图13-28所示。

STEP 14 在"播放器"面板中，可以查看第2个视频调色后的效果，如图13-29所示。确认无误后，将视频导出即可，然后重复上述操作，对其他视频进行调色。

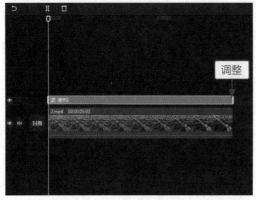
图13-28　调整预设效果时长

图13-29　查看第2个视频调色后的效果

教学视频

13.2.3 识别歌词制作字幕文件

"识别歌词"是剪映的一项特色功能，是很多视频剪辑软件都没有的，使用该功能可以为用户省去制作字幕的时间，快速制作出字幕，并导出字幕文件。下面介绍使用"识别歌词"功能制作字幕文件的操作方法。

STEP 01 在剪映的"媒体"功能区中，导入背景音乐素材，如图13-30所示。

STEP 02 将背景音乐素材添加到音频轨道中，如图13-31所示。

STEP 03 将时间指示器拖曳至00:00:05:00的位置，如图13-32所示。

STEP 04 将背景音乐素材拖曳到时间指示器的位置，避免后续生成的字幕与片头发生冲突，如图13-33所示。

图13-30 导入背景音乐素材

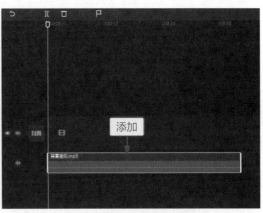

图13-31 添加背景音乐素材

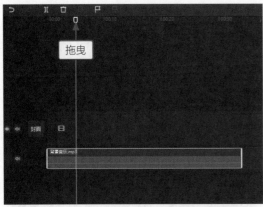

图13-32 将时间指示器拖曳至相应位置

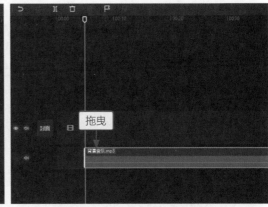

图13-33 拖曳背景音乐素材

STEP 05 在"文本"功能区中，❶切换至"识别歌词"选项卡；❷单击"开始识别"按钮，如图13-34所示。

STEP 06 执行操作后，弹出"歌词识别中"提示框，如图13-35所示。

图13-34 单击"开始识别"按钮

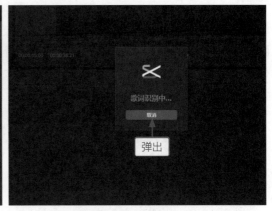

图13-35 弹出提示框

STEP 07 稍等片刻，即可识别成功，并生成相应的字幕，如图13-36所示。

STEP 08 在预览窗口中，可以查看生成的英文歌词字幕，如图13-37所示。

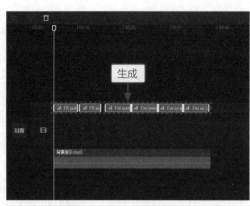

图13-36 生成相应字幕

图13-37 查看添加的英文歌词字幕

STEP 09 为了获得更好的观看体验，用户需要对歌词进行检查、修改和断句，检查完成后，选择第1段歌词文本，在原有的英文歌词后面添加中文文本，如图13-38所示。

STEP 10 在预览窗口中，查看制作的字幕效果，如图13-39所示。使用与上述同样的方法，在其他英文歌词字幕后添加中文文本。

图13-38 添加中文文本

图13-39 查看制作的字幕效果

STEP 11 添加完中文文本后，删除添加的背景音乐，单击界面右上角的"导出"按钮，如图13-40所示。

STEP 12 在弹出的"导出"对话框中，❶设置字幕文件的名称和保存位置；❷取消选中"视频导出"复选框；❸选中"字幕导出"复选框，如图13-41所示。

图13-40 单击"导出"按钮

图13-41 选中"字幕导出"复选框

STEP 13 ❶设置"字幕格式"为SRT；❷单击"导出"按钮，如图13-42所示。

STEP 14 稍等片刻，即可导出字幕文件，用户可以在设置的导出路径文件夹中查看，如图13-43所示。

图13-42　单击"导出"按钮

图13-43　查看导出的字幕文件

13.3 在Pr中的操作

本节主要介绍《城市记忆》视频在Premiere中的操作处理，包括剪辑素材时长、添加转场效果、导入字幕文件，以及添加音乐并导出视频等内容，提升读者在Premiere中剪辑视频的熟练度。

13.3.1 剪辑素材时长

教学视频

剪辑素材时需要先在Premiere中创建一个项目文件，再将视频片头、调色后的视频和背景音乐等素材导入项目文件中，并将视频添加到视频轨道中，才能进行剪辑，下面介绍具体的操作方法。

STEP 01 创建一个项目文件，在"项目"面板中导入视频片头素材，如图13-44所示。

STEP 02 采用拖曳的方式，将视频片头添加至"时间轴"面板中，如图13-45所示。

STEP 03 在"项目"面板的序列名称上单击，此时名称呈可编辑状态，如图13-46所示。

STEP 04 将序列名称修改为"城市记忆"，如图13-47所示。

STEP 05 在"项目"面板中导入视频片尾、调色后的视频和背景音乐，效果如图13-48所示。

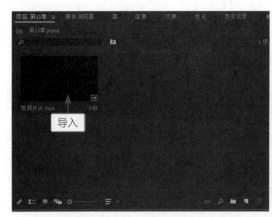

图13-44　导入视频片头素材

图13-45　添加视频片头

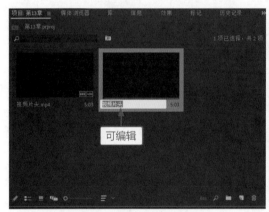

图13-46　名称呈可编辑状态

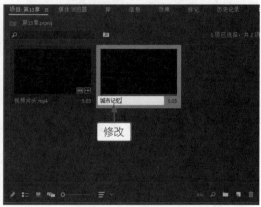

图13-47　修改序列名称

图13-48　导入相应视频素材和音乐

STEP 06 依次将视频添加到V1轨道中，如图13-49所示。

STEP 07 ❶在第1个视频素材上右击；❷在弹出的快捷菜单中选择"速度/持续时间"命令，如图13-50所示。

STEP 08 弹出"剪辑速度/持续时间"对话框，设置"持续时间"为00:00:02:00，如图13-51所示。

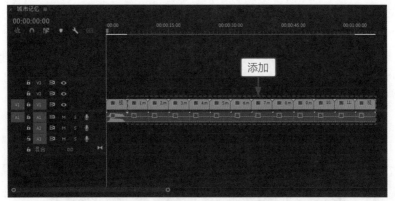

图13-49 依次添加视频素材

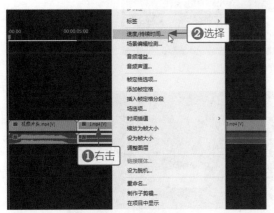

图13-50 选择"速度/持续时间"命令

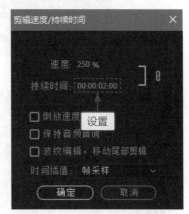

图13-51 设置"持续时间"

STEP 09 单击"确定"按钮，即可调整第1个视频素材的时长，如图13-52所示。

STEP 10 拖曳第2个视频素材至第1个视频素材的结束位置，如图13-53所示。

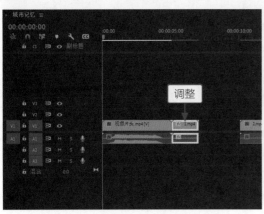

图13-52 调整第1个视频素材的时长

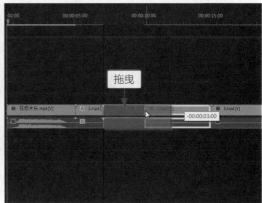

图13-53 拖曳第2个视频素材

STEP 11 使用与上述同样的方法，设置第2个视频素材的持续时间为00:00:03:15，如图13-54所示。

STEP 12 使用与上述同样的方法，设置第3个视频素材的持续时间为00:00:02:00、第4个视频素材的持续时间为00:00:03:10、第5个视频素材的持续时间为00:00:02:20、第6个视频素材的持续时间为00:00:03:10、第7个视频素材的持续时间为00:00:02:00、第8个视频素材的持续时间为00:00:03:20、第9个视频素材的持续时间为00:00:02:10、第10个视频素材的持续时间为00:00:03:00、第11个视频素材的持续时间为00:00:02:10、视频片尾素材的持续时间为00:00:04:25，并调整素材的位置，如图13-55所示。

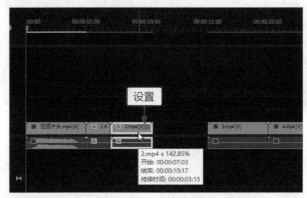

图13-54　设置第2个视频素材的持续时间

图13-55　设置素材的持续时间

13.3.2 添加转场效果

教学视频

在Premiere中，为视频添加"交叉溶解"视频过渡效果，可以使不同视频之间切换时过渡得更加顺畅、自然，下面介绍具体的操作方法。

STEP 01 ❶在"效果"面板中展开"视频过渡"|"溶解"选项；❷选择"交叉溶解"效果，如图13-56所示。

STEP 02 将"交叉溶解"效果拖曳至V1轨道的第1个和第2个视频之间，释放鼠标左键，即可添加"交叉溶解"效果，如图13-57所示。

STEP 03 在"时间线"面板中，选择添加的"交叉溶解"效果，如图13-58所示。

STEP 04 在"效果控件"面板右侧的时间区域中，调整"交叉溶解"效果的起始位置和结束位置，使其"持续时间"参数为00:00:01:00，如图13-59所示。

图13-56 选择"交叉溶解"效果

图13-57 添加"交叉溶解"效果

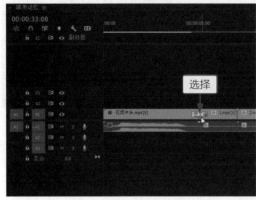

图13-58 选择"交叉溶解"效果

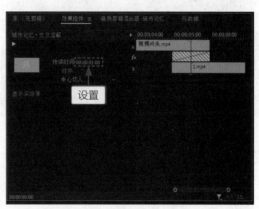

图13-59 设置"持续时间"参数

STEP 05 使用与上述同样的操作方法，在其他的两个素材之间添加"交叉溶解"效果，如图13-60所示。

图13-60 添加"交叉溶解"效果

13.3.3 导入字幕文件

教学视频

众所周知，Premiere无法识别歌词字幕，也无法进行批量添加，字幕文件需要用户一个一个地制作，比较麻烦又耗时。但剪映是可以自动识别歌词，批量制作字幕文件并导出的，而

Premiere也支持导入字幕文件。因此，用户可以先在剪映中制作并导出字幕文件，再将字幕文件导入Premiere中，实现剪映与Premiere的联动操作。下面介绍导入字幕文件的具体操作方法。

STEP 01 在"项目"面板中导入之前导出的字幕文件，如图13-61所示。

STEP 02 ❶选择字幕文件，按住鼠标左键，将字幕文件拖曳至"时间轴"面板中；❷此时面板中会弹出信息提示，提示用户"放到这里可添加新的字幕轨道"，如图13-62所示。

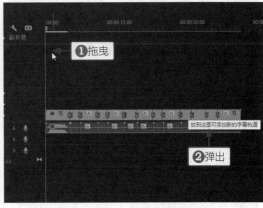

图13-61　导入字幕文件　　　　　　　　　图13-62　弹出提示信息

STEP 03 释放鼠标左键，此时会弹出"新字幕轨道"对话框，单击"确定"按钮，如图13-63所示。

STEP 04 执行操作后，即可添加一条新的字幕轨道，如图13-64所示。

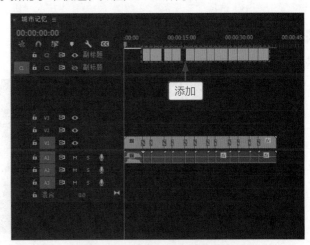

图13-63　单击"确定"按钮　　　　　　　图13-64　添加一条新的字幕轨道

STEP 05 在"节目监视器"面板中，可以预览字幕添加效果，如图13-65所示。

STEP 06 在字幕轨道中双击字幕文件，会同时弹出"文本"和"基本图形"两个面板，其中"文本"面板如图13-66所示。

STEP 07 在"文本"面板中，双击第1个字幕，使字幕呈可编辑状态，将光标移至英文歌词的后面，按【Enter】键确认，使中文文本移至下一行，如图13-67所示。使用与上述同样的方法，对其他的字幕进行编辑，将所有字幕中的中文文本移至下一行。

STEP 08 任意选择一段文本，在"基本图形"面板中，❶设置"文本"为"黑体"；❷设置"字体大小"参数为60；❸设置"行距"  参数为15，如图13-68所示。

图13-65　预览字幕添加效果

图13-66　"文本"面板

图13-67　将中文文本移至下一行

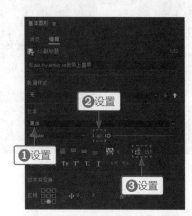

图13-68　设置"行距"参数

STEP 09 ❶单击"轨道样式"下方的下拉按钮；❷在弹出的下拉列表中选择"创建样式"选项，如图13-69所示。

STEP 10 弹出"新建文本样式"对话框，❶设置"名称"为"文本样式1"；❷单击"确定"按钮，如图13-70所示，即可为剩下的文本应用设置的样式。

图13-69　选择"创建样式"选项

图13-70　单击"确定"按钮

教学视频

13.3.4 添加音乐并导出视频

为视频添加字幕后，视频基本已经完成了，最后为其添加背景音乐，将视频合成导出即可。下面介绍添加背景音乐并导出视频的操作方法。

STEP 01 ❶将时间指示器拖曳至00:00:05:00的位置；❷将背景音乐拖曳至时间指示器的位置，如图13-71所示。

STEP 02 在"效果"面板中，❶展开"音频过渡"|"交叉淡化"选项；❷选择"恒定功率"效果，如图13-72所示。

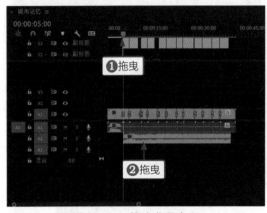

图13-71　拖曳背景音乐

图13-72　选择"恒定功率"效果

STEP 03 按住鼠标左键的同时，将"恒定功率"效果分别拖曳至音乐的起始点与结束点，添加音频过渡效果，如图13-73所示。

STEP 04 ❶在工作区中单击"快速导出"按钮█；❷在弹出的面板中设置"文件名和位置"和"预设"；❸单击"导出"按钮，如图13-74所示，即可将视频合成导出。

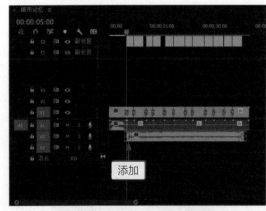

图13-73　添加音频过渡效果

图13-74　单击"导出"按钮

抖音＋剪映＋Premiere

短视频创作实战（全视频微课版）

242